最受欢迎的种植业精品图书

ZUI SHOU HUANYING DE ZHONGZHIYE JINGPIN TUSHU

无公害果园
首选农药 100 种

WUGONGHAI GUOYUAN SHOUXUAN
NONGYAO 100 ZHONG

第 3 版

高文胜　秦　旭　主编

U0239229

中国农业出版社

内 容 提 要

　　该书内容包括农药的基础知识及安全使用技术，无公害果园首选杀虫剂、杀螨剂、杀菌剂、除草剂和植物生长调节剂等六章。着重介绍了生产无公害果品的常用低毒、低残留农药 100 种，每种农药从通用名称及其他名称、作用特点、制剂类型、防治对象、使用方法和注意事项等六个方面进行了介绍，既总结了以往果园用药的经验，又吸取了最新研究成果和国家对无公害果品的生产要求，内容充实新颖，技术详尽实用、语言文字通俗易懂。本书适于广大果农和各级果树技术人员阅读，也可供专业院校师生参考。

第3版编写人员

主　　编	高文胜	秦　旭
副主编	郭成武	单保爽
	徐金强	昌云军
参编人员	蔡卫东	刘文宝
	李明丽	王秀昭
	王玉宝	王孝友
	范崇惠	王振波
	闫田力	赵卫东

第1版编写人员

主　　编	高文胜	单文修
副主编	陈秀云	张云伟
	秦　旭	
参编人员	高文胜	单文修
	陈秀云	张云伟
	秦　旭	蔡卫东
	李圣勇	孙子平
	李洪刚	王云鹏
	袁瑞农	王道兴

第2版编写人员

主　　编　　高文胜　　李洪刚

副　主　编　　刘　涛　　杜国栋

　　　　　　　于　翠　　于志波

参编人员　　汪心国　　李志霞

　　　　　　　孙德华　　赵盛国

　　　　　　　丛兹萍　　郭成武

　　　　　　　于冬梅　　李芳东

　　　　　　　李慧峰　　蔡　明

　　　　　　　陈　军　　倪冬雁

前　言

　　我国是果品生产大国，至 2011 年，全国果树栽培总面积发展到 11 830.6 万公顷，果品总产量 14 083.3 万吨，面积、产量均居世界各国首位。我国主栽的苹果、梨、柑橘、桃、枣、柿等树种的面积和产量也均位居世界各国之首。但与此不协调的是，我国果品的出口量和在国际市场的贸易量在世界各果品生产国中是很低的。造成这一现状的主要原因就是我国的优质果率低，尤其是优质高档果率低，而农药残留高又是造成果品质量低下的主要因素。随着国内外消费者对安全食品（果品）的重视和需求，生产安全果品已成为提高我国果品综合效益的重要措施。为此，禁止果园使用剧毒、高毒、高残留农药，提倡果园使用生物农药及低毒、低残留农药，生产安全果品已成为我国目前果品增加国内外市场份额的关键。

　　为适应安全果品生产的需求，适应农药市场的新形势，应中国农业出版社之邀，我们对《无公害果园首选农药 100 种》一书进行了修订。在简单介绍农药基本知识的基础上，重新选编了 100 种果园常用的杀虫剂、杀螨剂、杀菌剂、除草剂和植物生长调节剂。对书中所述农药品种，严格按照国家有关安全果品生产的要求，或生物农药，或低毒、低残留农药。这些农药有些是最新研制并经国家批准使用的，有些是常年使用且效果好的；有国外产品，也有国内厂家生产的。为突出实用性，该书对每一个农药品种，都从通用名称及其他名称、作用特点、制剂类型、防治对象、科学使用方法和注意事项等六个方面进行了介绍，这些既总结了以往果园用药的经验，又吸取了最新研究成果，符合国家对安全果品的生产要求，内容充实新颖，技术详尽实用，语言文学通俗易懂。该书编写中，在编者亲自观察、试验、总结、记录的基础上，也参阅了相关书刊。由于版面原因，不一一列出参考书刊，但对相关单位和个人表示感谢。

值本书出版之际，对山东省果茶技术指导站、山东省农药检定所及各有关果树植保部门的大力支持，在此深表谢意！

由于编者水平所限，错误在所难免，敬请批评指正。

编　者

2013 年 8 月于济南

目 录

第一章

农药的基础知识及安全使用

一、农药的含义和分类

（一）农药的含义

农药作为一种重要的农业生产资料，在农业生产中起着不可缺少的作用。其含义和范围，随着农药工业和农业生产的发展，不同时代和不同国家都有所差异。根据我国1997年颁布的《农药管理条例》和1999年颁布的《农药管理条例实施办法》，目前我国所称的农药主要是指用于预防、消灭或者控制危害农业、林业的病、虫、草和其他有害生物以及有目的地调节植物、昆虫生长的化学合成或者来源于生物、其他天然物质的一种物质或者几种物质的混合物及其制剂。

农药并不仅仅在农业上应用，许多农药也是卫生防疫、工业品防腐防蛀和提高畜牧业产量等方面不可缺少的药剂。同时，随着科学技术的发展和农药的广泛应用，农药的含义和它所包括的内容也在不断地充实和发展。

农药的种类十分繁多，目前全世界共有几千个品种，我国常用的农药也有几百种，随着生产实际的需要和农药工业的发展，农药新品种每年都在增加，因此有必要对农药进行科学分类，以便更好地对农药进行研究、使用和推广。根据农药的用途及成分、防治对象、作用方式机理、化学成分等，农药分类的方法多种多样；根据生产实际，本文中主要介绍按照防治对象和化学成分的分类。

（二）农药根据防治对象不同分类

按照防治对象不同将农药分为杀虫剂、杀螨剂、杀菌剂、除草

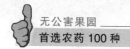
剂、杀线虫剂、杀鼠剂和植物生长调节剂等几大类，每一大类又可再按其他方法进行细分。

1. 杀虫剂 杀虫剂主要用来防治农林、卫生、贮粮及畜牧等方面的害虫，是农药中发展最快、用量最大、品种最多的一类药剂。

（1）按化学成分来源和发展过程可分为无机杀虫剂和有机杀虫剂。无机杀虫剂，如砷酸钙、亚砷酸、氟化钠等；有机杀虫剂包括天然的有机杀虫剂、人工合成有机杀虫剂和生物杀虫剂。

①天然的有机杀虫剂 包括植物性杀虫剂（如鱼藤、除虫菊、烟草等）和矿物性杀虫剂（如机油、柴油等）。

②人工合成有机杀虫剂 包括有机氯类杀虫剂，如三氯杀虫酯、林丹等；有机磷类杀虫剂，如久效磷、敌百虫等；氨基甲酸酯类杀虫剂，如西维因、克百威等；拟除虫菊酯类杀虫剂，如氯氰菊酯等；有机氮类杀虫剂，如杀螟丹等。

③生物杀虫剂 包括微生物杀虫剂、生物代谢杀虫剂和动物源杀虫剂，如苏云金杆菌（Bt）等。

（2）按杀虫剂的作用方式可分为胃毒剂等 10 类。

①胃毒剂 药剂通过昆虫取食而进入其消化系统发生作用，使之中毒死亡，如乙酰甲胺磷等。

②触杀剂 药剂接触害虫后，通过昆虫的体壁或气门进入害虫体内，使之中毒死亡，如马拉硫磷等。

③熏蒸剂 指施用后，呈气态或气溶胶的生物活性成分，经昆虫气门进入体内引起中毒的杀虫剂，如溴甲烷、磷化氢等。

④内吸剂 指由植物根、茎、叶等部位吸收、传导到植株各部位，或由种子吸收后传导到幼苗，并能在植物体内贮存一定时间而不妨碍植物生长，并且其被吸收传导到各部位的药量，足以使为害该部位的害虫中毒致死的药剂。

⑤拒食剂 药剂能够影响害虫的正常生理功能，消除其食欲，使害虫饥饿而死，如印楝素等。

⑥性诱剂 药剂本身无毒或毒效很低，但可以将害虫引诱到一

处，便于集中消灭，如棉铃虫性诱剂等。

⑦驱避剂　药剂本身无毒或毒效很低，但由于具有特殊气味或颜色，可以使害虫逃避而不来为害，如樟脑丸、避蚊油等。

⑧不育剂　药剂使用后可直接干扰或破坏害虫的生殖系统而使害虫不能正常生育，如喜树碱等。

⑨昆虫生长调节剂　药剂可阻碍害虫的正常生理功能，扰乱其正常的生长发育，形成没有生命力或不能繁殖的畸形个体，如灭幼脲等。

⑩增效剂　这类化合物本身无毒或毒效很低，但与其他杀虫剂混合后能提高防治效果，如雷力牌消抗液等。

（3）按照毒理作用方式的不同可将杀虫剂分为 4 类。

①物理性毒剂　如矿物油等。

②原生质毒剂　如重金属、砷素剂、氟素剂等。

③呼吸毒剂　如磷化氢、硫化氢、鱼藤酮等。

④神经毒剂　如植物性杀虫剂（如烟碱、除虫菊等）、有机磷酸酯类、氨基甲酸酯类等。

此外，作为杀虫剂应用的还有活体微生物农药，这一类主要是指能使害虫致病的真菌、细菌、病毒，经过人工培养，当作农药用来防治或消灭害虫，如苏云金杆菌、白僵菌等。

2. 杀螨剂　杀螨剂是主要用来防治危害植物的螨类的药剂，根据它的化学成分，可分为有机氯、有机磷、有机锡等几大类。另外，不少杀虫剂对防治螨类也有一定的效果，如卡死克等。杀螨剂也常被列入杀虫剂进行分类。

3. 杀菌剂　对植物体内的真菌、细菌或病毒等具有杀灭或抑制作用，用以预防或防治作物的各种病害的药剂，称为杀菌剂，其分类方法也很多。

（1）按化学成分来源和化学结构可分为

①无机杀菌剂　指以天然矿物为原料的杀菌剂和人工合成的无机杀菌剂，如硫酸铜、石硫合剂。

②有机杀菌剂　指人工合成的有机杀菌剂，按其化学结构又可

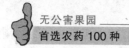
分为多种类型，如有机硫、有机汞、有机磷、氨基甲酸酯类等。

③生物杀菌剂 包括农用抗生素类杀菌剂和植物源杀菌剂。农用抗生素类杀菌剂，指在微生物的代谢物中所产生的抑制或杀死其他有害生物的物质，如井冈霉素、春雷霉素、链霉素等；植物源杀菌剂，指从植物中提取某些杀菌成分，作为保护作物免受病原侵害的药剂，如大蒜素等。

（2）按作用方式可分为

①保护剂 在植物感病前施用，抑制病原孢子萌发，或杀死萌发的病原孢子，防止病原菌侵入植物体内，以保护植物免受病原菌侵染危害。应该注意这类药剂必须在植物发病前使用，一旦病菌侵入后再使用效果较差，如波尔多液、代森锌等。

②治疗剂 于植物感病后施用，这类药剂可通过内吸进入植物体内，传导至未施药部位，抑制病菌在植物体内的扩展或消除其危害，如甲基硫菌灵、多菌灵、三唑酮等。

（3）按使用方法可分为

①土壤处理剂 指通过喷施、灌浇、翻混等方法防治土壤传带的病害的药剂，如石灰、五氯硝基苯等。

②茎叶处理剂 主要通过喷雾或喷粉施于作物的杀菌剂，如波尔多液、石硫合剂等。

③种子处理剂 用于处理种子的杀菌剂，主要防治种子传带的病害，或者土传病害，如戊唑醇等。

4. 杀线虫剂 杀线虫剂是用来防治植物病原线虫的一类农药，施用方法多以土壤处理为主，如二溴氯丙烷等；另外，有些杀虫剂也兼有杀线虫的作用。

5. 除草剂 用以消灭或控制杂草生长的农药，称为除草剂，亦称除莠剂。可从作用方式、施药部位、化合物来源等多方面分类。

（1）按杀灭方式可分为

①灭生性除草剂（即非选择性除草剂） 指在正常用药量下能将作物和杂草无选择地全部杀死的除草剂，如百草枯、草甘膦等。

②选择性除草剂　只能杀死杂草而不伤作物，甚至只杀某一种或某类杂草的除草剂，如敌稗、乙草胺、丁草胺、拿捕净等。

（2）按作用方式可分为

①内吸性除草剂　药剂可被根、茎、叶、芽鞘吸收并在体内传导到其他部位而起作用，如西玛津、茅草枯等。

②触杀性除草剂　除草剂与植物组织（叶、幼芽、根）接触即可发挥作用，药剂并不向他处移动，如百草枯、灭草松等。

另外，按除草剂的使用方法还可以分为土壤处理剂和茎、叶处理剂两类。

6. 杀鼠剂　杀鼠剂是用于防治鼠害的一类农药。杀鼠剂按化学成分可分为无机杀鼠剂（如磷化锌等）和有机合成杀鼠剂（如敌鼠钠盐等）；按作用方式可分为急性杀鼠剂（如安妥等）和作用缓慢的抗凝血杀鼠剂（如大隆等）。

7. 植物生长调节剂　指人工合成或天然的具有天然植物激素活性的物质。有的是模拟激素的分子结构而合成的，有的是合成后经活性筛选而得到的。植物生长调节剂种类繁多，其结构、生理效应和用途也各异。按作用方式可分为：

①生长素类　它们促进细胞分裂、伸长和分化，延迟器官脱落，形成无籽果实，如吲哚乙酸、吲哚丁酸等。

②赤霉素类　它们主要促进细胞伸长，促进开花，打破休眠等，如赤霉酸等。

③细胞分裂素类　主要促进细胞分裂，保持地上部绿色，延缓衰老，如6-苄基氨基嘌呤等。

④其他　如乙烯释放剂、生长素传导抑制剂、生长延缓剂、生长抑制剂等。

（三）根据化学成分农药分类

农药按照成分和来源可分为无机农药、有机农药和生物农药。

1. 无机农药　无机农药是从天然矿物中获得的农药，包括无机杀虫剂、无机杀菌剂、无机除草剂，无机农药由于来自于自然，环境可溶性好，一般对人毒性较低，是目前大力提倡使用的农药，

5

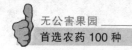

可在生产无公害食品、绿色食品、有机食品中使用。如石硫合剂、硫黄粉、波尔多液等，这些农药一般分子量较小，稳定性差一些，多数不宜和其他农药混用。

2. 生物农药 生物农药是指利用生物自身或其代谢产物防治病虫害的产品，包括真菌、细菌、病毒、线虫等，以及它们的代谢产物，一般这些病菌专一性很强，只针对某一种或者某类病虫发挥作用，对人、畜无毒或毒性很小，也是目前大力提倡推广的农药，可在生产无公害食品、绿色食品、有机食品中使用。如白僵菌、苏云金杆菌、昆虫核型多角体病毒、阿维菌素等，这些生物农药在使用时，活菌农药不宜和杀菌剂以及含重金属的农药混合使用，喷洒尽量避免在阳光强烈时进行。

3. 有机农药 有机农药包括天然有机农药和人工合成农药，天然有机农药是来源于自然界的有机物，由于这类农药也来自于自然，环境可溶性好，一般对人、畜毒性较低，是目前大力提倡使用的农药，可在生产无公害食品、绿色食品、有机食品中使用。如园艺喷洒油、植物性农药等。人工合成农药也分为有机杀虫剂、有机杀螨剂、有机杀菌剂、有机除草剂、植物生长调节剂等。有机杀虫剂包括：有机磷类、有机氯类、氨基甲酸酯类、拟除虫菊酯类、特异性杀虫剂等；有机杀螨剂包括专一性的含锡有机杀螨剂和不含锡的杀螨剂；有机杀菌剂包括：二硫代氨基甲酸酯类、酞酰亚氨类、苯并咪唑类、二甲酰亚胺类、有机磷类、苯基酰胺类、甾醇生物合成抑制剂等；有机除草剂包括：苯氧羧酸类、均三氮苯类、取代脲类、氨基甲酸酯类、酰胺类、苯甲酸类、二苯醚类、二硝基苯胺类、有机磷类、磺酰脲类等。有机合成农药种类繁多，结构复杂，大都属于高分子化合物，酸碱度属中性居多，多数在强碱或强酸性条件下容易分解，有些可以现配现用、相互混合使用。

二、农药的剂型及特点

（一）农药剂型及制剂

1. 原药 原药是指化工厂生产合成的含量较高的农药，除少量杂质外，不含其他成分。固体原药称为原粉，液体原药称为原油。某些农药的原药特别配加适当的添加物或某种必要的稀释剂，把原药的有效成分含量调控到某一特定浓度，以便作为剂型加工母料使用，如27％高效氯氰菊酯母液。

由于大多数原药不溶于水，不能直接对水使用；且单位面积上需要的原药数量很少，只有经过加工，提高分散性后，才能有效、经济、安全使用。在原药中加入适当的助剂，制成便于使用的形态，这一过程称为农药的加工。

2. 剂型 加工后的农药具有一定的形态、组成和规格，称为农药的剂型。到目前为止，世界农药剂型的种类有80余种，而我国有50多种。其中常见的剂型有20多种，不同剂型有各自不同的代码，见表1。

表 1 农药常见剂型代码

剂型	剂型代码	剂型	剂型代码
粉剂	DP	可湿性粉剂	WP
可溶粉剂	SP	水分散粒剂	WG
可溶粒剂	SG	乳油	EC
可溶液剂	SL	微乳剂	ME
水乳剂	EW	悬浮剂	SC
悬乳剂	SE	悬浮种衣剂	FS
油悬浮剂	OF	泡腾片剂	PP
颗粒剂	GR	水剂	AS
可乳化粉剂	EP	乳粒剂	EG

根据农药的用途和用法的需要，一种农药可以加工成不同的剂型。如阿维菌素的剂型有乳油、微乳剂、水分散粒剂、泡腾片剂、水乳剂、微囊悬浮剂和颗粒剂等。不同剂型对靶标生物的防治效果有所不同，试验证明阿维菌素微乳剂和乳油对梨木虱的防治效果差异不大，但水乳剂的持效性则好于乳油，不同剂型间的防效差异可能是因为不同剂型有效成分在害虫虫体表面滞留的时间不同而致。

一种原药能加工成何种剂型主要取决于药剂的理化性质，尤其是在水及有机溶剂中的溶解度及物理状态；还取决于使用的必要性、安全性和经济上的可行性。如加工成本、市场竞争力、对人和环境的影响等，否则即使是优良的剂型，推广也会遇到困难。因此，衡量一个新剂型实际价值的客观标准就是经济效益、生态效益和社会效益。

目前，高效、低毒的水基化、颗粒制剂已经成为我国农药工业未来的发展方向。国家正在逐步限制芳烃类助剂和其他安全性较差的助剂的使用，并进行农药制剂产品的综合性安全评价。因此，开发与环境相容性好、毒性较低的新型溶剂和助剂来代替目前使用的传统溶剂和助剂，是适应新形势发展的需要。

3. 制剂　经过加工的农药产品称为制剂。仅含有一种有效成分的制剂称为单剂；含有两种或两种以上有效成分的制剂称为混合制剂，简称混剂。同一种剂型可能有多种制剂，如阿维菌素乳油就有 1.8％、2％、2.8％、3.2％、4％和5％等多种含量，用户在选用时尽可能选择高含量的制剂，可以降低防治成本。

农业部农药检定所提供的统计数据显示，2011 年有近 800 个水基型、颗粒状制剂产品登记，占农药制剂登记总数的 52％。目前，处于登记有效状态的水基型、颗粒状剂型产品约有 3 700 个，占农药制剂总数的 20％左右。

（二）常见农药剂型的特点

1. 乳油（EC）　乳油是指用水稀释后形成乳状液的均一液体制剂，是农药的传统剂型之一。具体是指将原药按一定比例溶解在有机溶剂中（如苯、甲苯、二甲苯、溶剂油等），并加入一定量的乳化剂与其他助剂，配制成的一种均相透明的油状液体。

乳油与其他农药剂型相比，其优点是：①制剂中有效成分含量较高，贮存稳定性好，使用方便，防治效果好。②加工工艺简单，设备要求不高，在整个加工过程中基本无三废。缺点是由于含有相当量的易燃有机溶剂，有效成分含量较高，因此在生产、贮运和使用等方面要求严格，如管理不严，操作不当，容易发生中毒现象或产生药害。由于芳烃类溶剂已被列为环境监控物质，工业和信息化部〔2009〕29 号公告规定我国自 2009 年 8 月 1 日起不再颁发新的农药乳油产品生产批准证书。

2. 可湿性粉剂（WP）　可湿性粉剂是指可分散于水中形成稳定悬浮液的粉状制剂。

可湿性粉剂的特点：①不溶于水的原药，都可加工成可湿性粉剂。②有效成分含量比粉剂高，便于贮存、运输。③附着性强，飘移少，对环境污染轻；不含有机溶剂，环境相容性好。④生产成本低，生产技术、设备配套成熟，但加工中有一定的粉尘污染。可湿性粉剂是研发新剂型悬浮剂（SC）、水分散粒剂（WG）、可乳化粉剂（EP）、可乳化粒剂（EG）、可分散片剂（WT）等的基础。

3. 悬浮剂（SC）　悬浮剂是非水溶性的固体有效成分与相关助剂在水中形成的高分散度的黏稠悬浮液制剂，用水稀释后使用。

悬浮剂的优点：①一般具有较高的药效；使用便利，易于量取，对操作者安全；无粉尘，且可以很快分散于水中。②以水为介质，无闪点问题，对植物药害低。该剂型的缺点是作为热力学不稳定体系，悬浮剂存在稳定性问题，尤其是长期物理稳定性是影响农药悬浮剂质量的关键，由于颗粒的密度比介质水的密度大，所以沉积作用易使悬浮剂分层，同时沉积的颗粒会形成一个紧密的黏层，很难重新分散。

4. 水乳剂（EW）　水乳剂也称浓乳剂（CE），是有效成分溶于有机溶剂中，并以微小的液珠分散在连续水相中，成为非均相乳状液制剂。水乳剂与固体有效成分分散在水中的悬浮剂不同，与用水稀释后形成乳状液的乳油也不同，是乳状液的浓溶液。水乳剂喷洒雾滴比乳油大，飘移减轻，没有可湿性粉剂喷施后的残迹等现象。

与乳油相比水乳剂具有以下特点：①不含或只含少量有毒易燃的苯类等溶剂，无着火危险，无难闻的有毒气味，对眼睛刺激性小，减少了对环境的污染，大大提高了对生产、贮运和使用者的安全性。②以水为基质，乳化剂用量与乳油近似，为 2%～10%。虽然增加了一些共乳化剂、抗冻剂等助剂，但有些配方在经济上已经可以与相应的乳油竞争。③大量试验证明，在有效成分用量相同的情况下，药效与乳油相当，而对温血动物的毒性大大降低，对植物比乳油安全，与其他农药或肥料的可混性好，是目前国内外主要研究和推广的农药剂型之一。但由于制剂中含有大量的水，因此，容易水解的农药较难或不能加工成水乳剂。贮存过程中，随着温度和时间的变化，油珠可能逐渐长大而破乳，有效成分也可能因水解而失效。一般来说，油珠细度高的乳状液稳定性好，为了提高细度，有时需要特殊的乳化设备，水乳剂在选择配方和加工技术方面比乳油难。

5. 微乳剂（ME） 微乳剂是透明或半透明的均一液体，用水稀释后成为微乳状液体的制剂。它是一个自发形成的热力学稳定的分散体系，是由油-水-表面活性剂构成的透明或半透明的单相体系，是热力学稳定的、胀大了的胶团分散体系。

微乳剂的特点：①闪点高，不燃不爆炸，生产、贮运和使用安全。②不用或少用有机溶剂，环境污染小，对生产者和使用者的毒害大为减轻，有利于生态环境质量的改善。③粒子超微细，比通常的乳油粒子小，对植物和昆虫细胞有良好的渗透性，吸收率高，因此低剂量就能发生药效。④水为基质，资源丰富，价廉，产品成本低，包装容易。⑤喷洒臭味较轻，对作物药害小，果树落花落果现象明显减小。

6. 水分散粒剂（WG） 水分散粒剂是加水后能迅速崩解并分散成悬浮液的粒状制剂。它放在水中能较快地崩解、分散，形成高悬浮的分散体系。

与传统农药剂型比较，水分散粒剂主要有以下优点：①解决了乳油的经皮毒性，对作业者安全。②有效成分含量高，水分散粒剂大多数品种含量为 80%～90%，易计量，运输、贮存方便。③无粉尘，减少了对环境的污染。④入水易崩解，分散性好，悬浮率高。⑤再悬浮性好，配好的药液当天没用完，第二天经搅拌能重新悬浮起来，不影响应用。⑥对一些在水中不稳定的原药，制成水分散粒剂效果较悬浮剂好。

7. 可溶粉剂（SP）　可溶粉剂是指有效成分能溶于水中形成真溶液，可含有一定量的非水溶性惰性物质的粉状制剂。可溶粉剂是在使用浓度下，有效成分能迅速分散而完全溶解于水中的一种新剂型。

可溶粉剂是由原药、填料和适量的助剂所组成的。制剂中的填料可用水溶性的无机盐（如硫酸钠、硫酸铵等），也可用不溶于水的填料（如陶土、白炭黑、轻质碳酸钙等），但其细度必须 98％通过 325 目筛。这样，在用水稀释时能迅速分散并悬浮于水中，实际应用时不致堵塞喷头。制剂中的助剂大多是阴离子型、非离子型表面活性剂或是二者的混合物，主要起助溶、分散、稳定和增加药液对生物靶标的润湿和黏着力。

可溶粉剂的优点：①有效成分含量较高，一般在 50％以上，有的高达 90％。②由于有效成分含量高，贮存时化学稳定性好，加工和贮运成本相对较低。由于它是固体剂型，可用塑料薄膜或水溶性薄膜包装，与液体剂型相比，可大大节省包装费和运输费；且包装容器易处理，在贮藏和运输过程中不易破损和燃烧，比乳油安全。③该剂型外观呈粉粒状，其粒径视原药在水中的溶解度而定。水溶性好的原药，其粒径可适当大一些，以避免使用时从容器中倒出和用水稀释时粉尘飞扬；如水中溶解度较小，其粒径应尽可能小，以利于有效成分的迅速溶解。

总之，可溶粉剂细度均匀，流动性好，易于计量，在水中溶解迅速，有效成分以分子状态均匀地分散于水中。和可湿性粉剂、悬浮剂乃至乳油相比，更能充分发挥药效，这是可溶粉剂最大的优点；又因该剂型不含有机溶剂，不会因溶剂而产生药害和污染环境，在防治蔬菜、果园、花卉以及环境卫生方面的病、虫、草害上颇受欢迎。

8. 泡腾片剂（PP）　泡腾片剂是投入水中能迅速产生气泡并崩解分散的片状制剂，可直接使用或用常规喷雾器械喷施。泡腾片剂在农药领域的应用始于 20 世纪 70 年代的日本，之后英、法等国

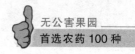
相继研制了供喷雾使用的农药压制片而非泡腾片。

泡腾片剂在医药上使用较早，而农业上使用的泡腾片剂，也日渐受到人们的重视。农药泡腾片剂具有如下优点：①遇水后产生大量气泡，依靠片剂内部产生气体的推动力，使片剂崩解迅速，有效成分扩散的更远，分布得更均匀，更能充分发挥药效。②使用方便，可站在田埂上将药片直接投入或抛入田中，也可将药片放入盛水的喷雾器中。因而省工，无粉尘飞扬，环境污染小，使用安全。③计量方便，一般以片/亩*或片/公顷使用；使用过的包装容器无粉粒黏附，易于处理；贮存运输安全，包装方便。

值得注意的是：①泡腾片剂的包装材料要求不吸潮，否则，因吸潮而发生反应，会使片剂潮解乃至破裂，使用时就不能很好地扩散，使有效成分分布不均匀，造成防效差，甚至会产生药害。②直接投入水田使用的泡腾片剂施药技术也要求严格，施药时保持3～5厘米深水层7天，在此期间只能补灌，不排水。③施用田块尽量平整，以利于药剂的均匀扩散，避免产生死角。④按剂量施药，要求药片分布基本均匀。

9. 可溶液剂（SL）　可溶液剂是用水稀释后有效成分形成真溶液的均相液体制剂。可溶液剂的基本组成包括活性物质（农药有效成分）、溶剂（水或其他有机物）、助剂（表面活性物质以及增效剂、稳定剂等）。可溶液剂的外观是透明的均一液体。用水稀释后活性物质以分子状态或离子状态存在，且稀释液仍是均一透明的液体。它的表面张力，无论是1%的水溶液，还是使用浓度的水溶液，都要求在50毫牛/米以下。产品常温存放两年，液体不分层、不变质，仍保持原有的物理化学性质，能保证药效的发挥。

10. 颗粒剂（GR）　颗粒剂是有效成分均匀吸附或分散在颗粒中，及附着在颗粒表面，具有一定粒径范围，可直接使用的自由流动的粒装制剂。它是由原药、载体和助剂制成的。

颗粒剂对于粉剂和喷雾液剂有显著的补充作用，对高毒农药也

＊　亩为非法定计量单位，15亩＝1公顷。全书同。

有一定的缓释作用。概括起来，颗粒剂有以下特征：①可避免散布时微粉飞扬，不会污染周围环境。②减少施药过程中操作人员对微粉的吸入，可避免中毒事故。而施用乳油、粉剂等剂型时，极易使操作者身体附着或吸入药剂，造成人身中毒事故。③使高毒农药低毒化，颗粒剂可直接用手撒施，而不致中毒。如克百威（呋喃丹）、涕灭威等均为高毒农药，但制成颗粒剂后，由于经皮毒性降低，可直接用手撒施。④可控制颗粒剂中有效成分的释放速度，延长持效期。⑤施药时具有方向性，使撒布的颗粒剂确实能到达需要的地点。⑥不附着于植物的茎叶上，避免直接接触产生药害。

11. 悬乳剂（SE）　悬乳剂至少含有两种不溶于水的有效成分，以固体微粒和微细液珠形式稳定地分散在以水为连续流动相中的非均相液体制剂。它是由一种不溶于水的固体原药和一种油状液体原药及各种助剂在水介质中分散均化而形成的高悬浮乳状体系。

悬乳剂是一个三相混合物，有机相（非连续相）分散于水相（连续相），即油/水型乳剂以及完全分散在水相中的固相。因此，有人视悬乳剂为悬浮剂（SC）和水乳剂（EW）相结合的剂型。但是值得注意的是，简单的把悬浮剂和水乳剂混合，通常不能制得稳定的悬乳剂。因为表面活性剂不可能达到正确的平衡，这可能导致表面活性剂优先吸附在油滴表面或者分散在颗粒表面，会出现絮凝问题。只有制得稳定的悬乳液和乳液，解决它们之间存在的絮凝问题，才有可能制得稳定的悬乳剂。悬乳剂具有悬浮剂和水乳剂的优点，避免了农药乳油因有机溶剂、可湿性粉剂因粉尘等对环境和操作者的污染和毒害，贮运安全，具有较高的生物活性。

三、农药的毒性及预防

（一）农药的毒性

农药毒性是指农药损害生物体的能力，农业上习惯将对靶标生物的毒性称为毒力。毒性产生的损害则称为毒性作用或毒效应。农药一般是有毒的，其毒性大小通常用对试验动物的致死中量或致死中浓度表示。在农药生产、分装、运输、销售、使用过程中，人体通过呼吸道、皮肤和消化道等途径最易受到危害，特别是一些挥发性强、易经皮肤吸收的剧毒或高毒品种可导致急性中毒，对接触者造成严重损害或死亡。农药还能通过仪器中的残毒对人群产生危害。因此，在农药投产前必须进行某些毒性试验。

我国农药毒性分级标准是根据农药产品对大鼠的急性毒性大小进行划分的，依据农药的致死中量（LD_{50}）大小，农药毒性分为五级：剧毒、高毒、中等毒、低毒和微毒（表2）。

表 2　农药毒性分级

	大鼠（毫克/千克或毫克/米³）		
	经口毒性	经皮毒性	吸入毒性
剧毒	≤5	≤20	≤20
高毒	5～50	20～200	20～200
中等毒	50～500	200～2 000	200～2 000
低毒	500～5 000	2 000～5 000	2 000～5 000
微毒	＞5 000	＞5 000	＞5 000

农药标签上标明的农药毒性是按照农药产品本身的毒性级别来标示的，反映了该产品本身的毒性，但当农药产品的毒性级别与其所使用的原药毒性不一致时，应在产品的毒性级别标示后用括号注明原药的毒性级别。当产品中含有多种农药成分时，应在括号中注明该产品中所含原药毒性最高的这种成分的毒性级别，以引起生产、经营和使用者的注意。目前，主要农药品种按原药毒性级分类如下。

1. 高毒农药（不包括杀鼠剂）　有甲拌磷（3911）、对硫磷（1605）、甲基对硫磷（甲基1605）、甲胺磷、治螟磷（苏化203）、甲基硫环磷、乙基硫环磷（棉安磷）、特丁硫磷、蝇毒磷、甲基异柳磷、磷胺、杀扑磷（速扑杀、速蚧克）、地虫硫磷（大风雷）、久效磷（钮瓦克、铃杀）、螨胺磷（苯胺硫磷、虫胺磷）、水胺硫磷、氧乐果、涕灭威（铁灭克）、克百威（呋喃丹）、灭多威（万灵、灭虫快）、杀虫脒（已取消登记）、五氯酚、磷化铝、磷化锌、磷化钙、溴甲烷（溴灭泰）、氯化苦、灭线磷（益舒宝、丙线磷）、苯线磷（力满库、克线磷）、克线丹、阿维菌素（害极灭、齐墩螨素）。

2. 中等毒农药 有杀螟松、乐果、稻丰散、乙硫磷、亚胺硫磷、皮蝇磷、六六六、高丙体六六六、毒杀芬、氯丹、滴滴涕、西维因、害扑威、叶蝉散、速灭威、混灭威、抗蚜威、倍硫磷、敌敌畏、拟除虫菊酯类、克瘟散、稻瘟净、敌克松、402、福美砷、稻脚青、退菌特、代森铵、代森环、2，4-滴、燕麦敌、毒草胺等。

3. 低毒农药 有敌百虫、马拉硫磷（马拉松）、乙酰甲胺磷、辛硫磷、多菌灵、甲基硫菌灵（甲基托布津）、克菌丹、代森锌、福美双、萎锈灵、异稻瘟净、三乙膦酸铝（乙膦铝）、百菌清、敌草隆、氟乐灵、苯达松、茅草枯、草甘膦等。

高毒农药只要接触极少量就会引起中毒或死亡。中等毒、低毒农药虽较高毒农药的毒性为低，但接触多、抢救不及时也会造成死亡。

农药最高残留量简称 MRL，为在农产品中农药残留的法定最高浓度，又称最高残留限量，以每千克农产品中农药残留的毫克数（毫克/千克）表示，亦称允许残留量。

（二）农药毒性的预防

在农药的运输、保管和使用过程中，要认真学习农药安全使用的有关规定，采取相应的预防措施，防止农药中毒事故的发生。

1. 农药搬运中的预防措施

（1）在搬运前，首先要检查包装是否牢固，发现破损要重新包装好，防止农药渗透或沾染皮肤。

（2）在搬运过程中和搬运之后，要及时洗净手、脸和被污染的皮肤、衣物等。

（3）在运输农药时，不得与粮食、瓜果、蔬菜等食物和日用品混合装载，运输人员不得坐在农药的包装物上。

2. 农药保管中的预防措施

（1）保管剧毒农药，要有专用库房或专用柜并加锁；绝对不能和食物、饲料及日用品混放在一起。农户未用完的农药，要注意保

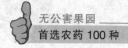
管好。

（2）保管要指定专人负责，要建立农药档案，出入库要登记和办理审批手续。

（3）仓库门窗要牢固，通风透气条件要好；库房内不能太低注，严防雨天进水和受潮。

3. 施药过程中的预防措施

（1）检查药械有无漏水、漏粉现象，性能是否正常；发现有损坏或工作性能不好，必须修好后才能使用。

（2）配药和拌种时要有专人负责，在露天上风处操作，以防吸入毒气或药粉；配药时，应该用量筒、量杯、带橡皮头的吸管量取药液；拌种时必须用工具翻拌，严禁直接用手操作。

（3）配药和施药人员要选身体健康的青壮年，凡年老多病、少年和"三期"（即月经期、孕期和哺乳期）妇女不能参加施药工作。

（4）在施药时，要穿戴好工作服、口罩、鞋帽、手套、袜子等，尽量不使皮肤外露。

（5）在施药过程中禁止吸烟、喝水、吃东西，禁止用手擦脸、揉眼睛。

（6）施用药的田块要做好标记，禁止人、畜进入；对施药后剩余的药液等，要妥善处理；对播种剩余的药种，严禁人、畜食用。

（7）施药结束后，必须用肥皂洗净手和脸，最好用肥皂洗澡。

（8）用过的药箱、药袋、药瓶等，应集中专人保管或深埋销毁，严禁用来盛装食用品。

四、农药的选购与贮运

（一）农药的选购

选购适用、质优的农药是保证安全、有效使用农药的前提。一般来讲要注意两点，即对症买药、识别真伪。

1. 对症买药

（1）确定防治对象　购买农药前先要确定需要防治的病虫草害的种类，主治什么，兼治什么，然后才能选择农药品种。按防治对象选择合适的用药品种、剂型；确定防治对象时可请教当地的植保技术人员或者查阅有关资料和图片。

（2）选择安全高效、经济的农药　当有几种农药可同时选用时，要优先选择用量少、毒性低，在食品和环境中残留量低的品种。同时农药的商品名很多，如阿维菌素又叫齐螨素、海正灭虫灵、7051杀虫素、爱福丁、阿巴丁等，不要买错药，特别是除草剂。

（3）价格计算　因农药有效成分含量、剂型的不同，商店里同样重量包装的农药，其出售价格可能不同。因此，选购农药时不可单看每袋农药的价格，而应考虑到施药量、持效期、施用方法等多种因素。

2. 识别农药真伪　农药质量的优劣直接影响防治效果的好坏，也是安全、合理使用农药的前提条件。因此，在购买农药时，要注意从标签、产品外观等方面先对农药质量进行简易识别，必要时可将农药样品送至有关单位进行质量检测。但在实际生活中，消费者在购买农药时，在没有仪器检测的情况下，可采取一些简单、便捷的方法，对所购农药的质量作出初步的判断。主要有以下几种方法。

（1）从农药标签及包装外观上识别真假

①标签内容　农药登记时，对农药标签有严格要求，凡是登记的农药，其标签都应经过农业行政主管部门审查备案。经审查后确定的标签内容，要求注明产品名称、农药登记证号、产品标准号、生产许可证号（或生产批准文件号）以及农药的有效成分、含量、重量、产品性能、毒性、用途、使用方法、生产日期、有效期、注意事项和生产企业名称、地址、邮政编码等内容；分装的农药，还应当注明分装单位（进口农药产品没有产品标准号和生产许可证号或生产批准文件号）。未经农业行政主管部门批准，任何单位不得擅自修改标签内容。因此，消费者在购买农药时，要重点检查标签是否具有上述内容，如缺少上述任何一项内容，则应提出疑问。

②产品名称　标签上的产品名称必须标明农药通用名（中文通

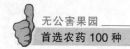

用名和英文通用名）。商品名称经国务院农业行政主管部门审查批准后也可以同时标明在标签上。目前，市场上农药产品的名称比较混乱，因此，消费者在购买农药时，要注意凡是不能确定产品中所含农药成分的，都不要轻易购买。

③产品包装　相同计量的相同产品包装就相同，不能有大有小，内外包装应完整，不能有破损。

④产品合格证　每个农药产品的包装箱内，都应附有产品出厂检验合格证，消费者在购买农药时要查看有无产品出厂合格证，以确认所购产品的质量。

⑤私自分装的农药产品　国家禁止任何单位和个人未办理农药分装登记证而擅自将大包装产品分成小包装产品。因为私自分装的农药，一般都没有标签，使用不安全，而且分装者容易在分装农药中掺杂使假；同时出了问题时，消费者手中没有产品的原始包装，而难以追究责任。因此，农民不能购买散装农药。

（2）从农药物理形态上识别优劣

①粉剂、可湿性粉剂　应为疏松粉末，无团块，颜色均匀；如有结块或较多颗粒感，说明已受潮湿，不仅产品的细度达不到要求，其有效成分含量也可能会发生变化，从而影响使用效果。

②乳油　应为均相液体，无沉淀或悬浮物；如出现分层和混浊现象，或者加水稀释后的乳状液不均匀或有浮油、沉淀物，都说明产品质量可能有问题。

③悬浮剂、悬乳剂　应为可流动的悬浮液，无结块，长期存放，可能存在少量分层现象，但经摇晃后应能恢复原状；如果经摇晃后，产品不能恢复原状或仍有结块，说明产品存在质量问题。

④熏蒸片剂　熏蒸用的片剂如呈粉末状，表明已失效。

⑤水剂　应为均相液体，无沉淀或悬浮物，加水稀释后一般也不出现混浊沉淀。

⑥颗粒剂　产品应粗细均匀，不应含有许多粉末。

（3）用简单的理化性能测试方法进行检查

①可湿性粉剂　拿一透明的玻璃杯盛满水，水平放置，取半匙

药剂，在距水面 1～2 厘米高度一次倾入水中，合格的可湿性粉剂应能较快地在水中逐步湿润分散，全部湿润时间一般不会超过 2 分钟，优良的可湿性粉剂在投入水中后，不加搅拌，就能形成较好的悬浮剂，如将瓶摇匀，静置 1 小时，底部固体沉降物应较少。

②乳油　用一透明的玻璃杯盛满水，用滴管或玻璃棒移取药液，滴入静止的水面上，合格的乳油（或乳化性能良好的乳油）就能迅速扩散，稍加搅拌后形成白色牛奶状乳液，静置半小时，无可见油珠和沉淀物。

③可溶性液剂　该剂型能与水互溶，不形成乳白色，国内该剂型较少。

④干悬乳剂　干悬乳剂是指用水稀释后可自发分散，有效成分以粒径 1～5 微米的微粒分散于水中，形成相对稳定的悬浮液。

（4）与《农药登记证》核对　国家规定，生产农药必须办理《农药登记证》或《农药临时登记证》。因此，经营单位和农民购买农药时，可以要求生产厂家、经销单位出示该产品的农药登记证复印件，并与该产品的标签核对。如发现产品的标签与登记证上的内容不一致，可提出疑问，并及时向当地农业行政主管部门反映，待问题查清楚后，再决定是否购买。

（二）农药的运输

在运输农药的过程中，由于装药的容器破裂、包装不好而泄漏或预防措施不佳，就有可能造成农药污染或农药中毒；在运输农药时，应注意如下事项。

1. 运输农药前首先要了解运送的是什么农药、毒性怎样、有什么注意事项及有关中毒防治知识等，做到会防毒，发生事故会处理。

2. 运输前要检查包装，如发现破损，要改换包装或修补，防止农药渗漏；损坏的药瓶、纸袋要集中保管，统一处理，不能乱扔，以免引起人、畜中毒或造成农药污染。

3. 专车、专船运输，不与食品、饲料、种子和生活用品等混装。

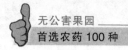
4. 装卸时要轻拿轻放，不得倒置，严防碰撞、外溢和破损；装车时堆放整齐，重不压轻，标记向外，箱口朝上，放稳扎妥。

5. 装卸和运输人员在工作时要搞好安全防护，戴口罩、手套、穿长衣裤；若农药污染皮肤，应立即用肥皂、清水冲洗；工作期间不抽烟、不喝水、不吃东西。

6. 运输必须安全、及时、准确。要正确选择路线，时速不宜过快，防止翻车、沉船事故；运输途中休息时应将车、船停靠阴凉处防止暴晒，并离居民区 200 米以外；要经常检查包装情况，防止散包、破包或破箱、破瓶出现；雨天运输时车、船上要有防雨设施，避免雨淋。

7. 搬运完毕，运输工具要及时清洗消毒，搬运人员应及时洗澡、换衣。

（三）农药的贮存和保管

农药贮存要根据产品种类分类堆放。根据质量保证期或生产日期，做到先产先用，推陈出新，要防止中毒，防止农药腐蚀及变质、失效，防热、防火、防潮和防冻，严禁与粮食同库等。具体说，农药的贮存和保管应注意如下事项。

1. 农药仓库结构要牢固，门窗要严密，库房内要求阴凉、干燥、通风，并有防潮的措施，防止受潮、阳光直晒和高温影响。

2. 农药必须单独贮存，绝对不能和粮食、种子、饲料、食品等混放，也不能与烧碱、石灰、化肥等物品混放在一起。禁止把汽油、煤油、柴油等易燃物放在农药仓库内。一些化肥如碳酸氢铵分解挥发时产生的氨气，被仓库内潮湿的空气吸收成为氢氧化铵，就会使农药分解失效，还会使药粉结团结块，降低防治效果。一些化肥如硝酸铵等易爆炸，在日光下曝晒、撞击，在高温下会引起发热、自燃、爆炸或产生火花，遇到乳油类农药就会燃烧。一些化肥如过磷酸钙等酸性化肥在贮存过程中游离酸挥发出来，使仓库内潮湿空气呈现酸性，就会使农药包装腐蚀损坏，造成搬运困难。

3. 农药堆放时，要分品种堆放，严防破损、渗漏；农药堆放高度不宜超过 2 米，防止倒塌和下层药粉受压结块；对于高毒农药和除草剂要有专用仓库保管，以免引起中毒或药害事故。

4. 各种农药进出库都要记账入册，并根据农药先进先出的原则，防止农药存放多年而失效；对挥发性大和性能不太稳定的农药，不能长期贮存。

5. 农民等用户自家贮存农药时，要注意将农药单放在一间屋里，防止儿童接近；最好将农药锁在一个单独的柜子或箱子里，不要放在容易使人误食或误饮的地方；要注意远离火种和避免阳光直射。

6. 掌握不同剂型农药的贮存特点，采取相应措施妥善保管。

（1）液体农药，包括乳油、水剂等，其特点是易燃烧，易挥发，在贮存时重点是隔热防晒，避免高温；堆放时应注意箱口朝上，保持干燥通风；要严格管理火种和电源，防止引起火灾。

（2）固体农药，包括粉剂、颗粒剂、片剂等，特点是吸湿性强，易发生变质；贮存时保管重点是防潮隔湿，特别是梅雨季节要经常检查，发现有受潮农药，应移到阴凉通风处摊开晾干，重新包装，不可日晒；固体农药一般不能与碱性物质接触，以免引起失效。

（3）压缩气体农药，如溴甲烷本身不易燃、不易爆只是在高温、撞击、震动等外力影响下，会引起爆炸；而且，溴甲烷属高毒气体，在保管这类农药时要特别谨慎；应经常检查阀门是否松动，钢瓶（罐）有无裂缝等，以免引起不良后果。

（4）微生物农药，如苏云金杆菌、井冈霉素、赤霉素等，其特点是不耐高温，不耐贮存，容易吸湿霉变，失活失效，所以宜在低温干燥的环境中保存，而且保存时间不宜超过 2 年。

五、农药的使用与处理

（一）合理使用农药的基本原则

1. 选用对路农药　各种农药都有自己的特性及各自的防治对象，必须根据防治对象选定有防治效果的农药，做到有的放矢，药到"病"除。首先，要准确识别病虫草害的种类，确定重点防治对象，并要根据发生期、发生程度选好合适的品种和剂型。防治病害，在病害发生前要喷保护剂，病害发生后要喷治疗剂。杀螨剂有的专杀成螨，有的专杀幼、若螨，但不杀成螨。施药时应根据当时的虫态或病情选择对路的品种，效果才好。另外，防治果树上的病虫，不能用高毒农药，以免发生中毒事故。

2. 按照防治指标施药 每种病虫害的发生数量要达到一定的程度，才会对农作物的危害造成经济上的损失。因此，各地植保部门都制定了当地病、虫、草、鼠的防治指标；如果没有达到防治指标就施药防治，会造成人力和农药的浪费；如果超过了防治指标再施药防治，就会造成经济上的损失。

3. 选用适当的施药方法 施药方法很多，各种施药方法都有利弊，应根据病、虫的发生规律、危害特点、发生环境等情况确定适宜的施药方法。防治地下害虫，可用拌种、毒饵、毒土、土壤处理等方法；防治种子带菌的病害，可用药剂处理种子或温汤浸种等方法。由于病虫危害的特点不同，施药具体部位也不同，如有的害虫在叶正面为害，有的在叶背面为害，有的在嫩梢上为害，因此喷药的重点部位就不同；喷药时要注意喷匀，不得漏喷，刮风、下雨天气不能喷药，早晚露水大时可喷粉剂。

4. 掌握合理的用药量和用药次数 用药量应根据药剂的性能、不同的作物、不同的生育期、不同的施药方法确定；施药次数要根据病虫害发生时期的长短、药剂的持效期及上次施药后的防治效果来确定。在保证防治效果的前提下，不要盲目提高用药剂量、浓度和次数，特别是除草剂，过量使用极易发生药害。应在有效浓度范围内，尽量用低浓度进行防治，防治次数要根据药剂的残效期和病虫害发生程度来定，另外，同一种农药可能有几种含量，施药浓度亦不相同。

5. 轮换用药 对一种防治对象长期反复使用一种农药，很容易使这种防治对象对这种农药产生抗性，久而久之，施用这种农药就无法控制这种防治对象的危害；因此，要轮换、交替施用对防治对象作用不同的农药，以防抗性的产生。

6. 合理混用农药　合理混用农药，可以提高工效，兼治几种病虫害，减少用药量，降低成本，有时还可以提高药效，降低毒性，减缓病菌、害虫对药剂的抗性，或防治已产生抗性的病、虫。农药混用有的是事先由工厂加工成混剂，用水稀释后使用。液态的剂型如乳油以及可湿性粉剂等可现混现用。农药混用应有明确的目的性，一是成本合理，且不影响有效成分的化学稳定性和不破坏药剂的物理性状；二是混用后毒性不增大，且毒性和残留不高于单用的药剂；三是药效配合合理，要兼治不同的病、虫，要有增效作用，同时积极推广使用农药增效剂，如多功能植物增效剂，注意不同作用方式的配合；四是多数混配农药要随用随配，对于新的混用配方，需先试验后使用。注意以下几种情况下农药禁止混用：遇到碱性物质易分解而降低药效，甚至失效的农药，不能与碱性农药混合使用，例如辛硫磷、菊酯类药剂等不能与石硫合剂、波尔多液等碱性药剂混合使用；混合后对乳剂有破坏作用的农药间不能混用；有机硫类和有机磷类农药不能与含铜制剂的农药混用；微生物源类杀虫剂和内吸性有机磷杀虫剂不能与杀菌剂混用。

（二）农药的安全间隔期

农药安全间隔期为最后一次施药至作物收获时所规定的间隔天数，即收获前禁止使用农药的日期。大于安全间隔期施药，收获农产品中的农药残留量不会超过规定的允许残留限量，可以保证食用者的安全。通常按照实际使用方法施药后隔不同天数采样测定，作出农药在作物上的残留动态曲线，以作物上的残留量降到最低残留限量的天数，作为安全间隔期的参考。在一种农药大面积推广应用之前，为了指导安全使用，须制定安全间隔期，这是预防农药残留污染作物的重要措施，也是新农药登记时必须提供的试验资料。

安全间隔期因农药性质、作物种类和环境条件而异。不同的农药有不同的安全间隔期，性质稳定的农药不易分解，其安全间隔期长；同一种农药在不同作物上的安全间隔期也不同，相同条件下果菜类作物上的残留量比叶菜类作物低得多；由于日光、气温和降雨等气候因素，同一种农药在相同作物上的安全间隔期在不同地区也

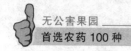
不同。因此，必须制定各种农药在各类作物上适合于我国地理气候的安全间隔期。

作为农药使用者，应严格按照标签上规定的使用量、使用次数、安全间隔期使用农药，否则，一方面容易造成农产品中农药量超标，引起人、畜中毒，甚至导致死亡；另一方面，农药残留量超标的农产品难以出口上市，我国出口的农产品常因农药残留超标而被国外退回的情形就是有力的证据。这意味着我国不合理使用农药的形势依然严峻，我国正在逐步加强市场上农产品中农药残留的监测，出售农药残留量超标的农产品也将受到处罚；第三，如不按照标签上规定的要求使用农药，一旦出现事故，农药使用者将承担主要责任，严重的将追究其刑事责任。

（三）安全合理用药

安全合理用药是农药使用的基本原则，以达到提高农药防治效果、避免盲目增加用药量、降低成本、减少农药对人、畜和环境的危害、延缓农药抗性产生等目的。

1. 安全合理用药的含义

（1）按照安全操作规程施药，避免造成人、畜中毒事故。

（2）达到防治指标时方可施药，避免盲目增加施药次数。

（3）按照《农药合理使用准则》施药，严格控制施药次数、施药量和安全间隔期，避免农副产品中农药残留量超标。

（4）合理复配、混用农药。

（5）合理轮换使用农药。

2. 安全合理施药　安全合理施药应遵循以下原则和要求。

（1）根据农药毒性、施药方法和施药地点穿戴相应的防护用品。

（2）工作人员施药期间不准进食、饮水或抽烟。

（3）施药时要注意天气情况，一般在雨天、下雨前、大风天气或气温高时（30℃以上）不要喷药；雨天或下雨前喷药容易冲刷流失，影响效果；大风天气，喷药容易飘移，造成植物药害和人畜中毒事故；气温高时，操作和防护不便，容易出现危险。

24

（4）工作人员要始终处于上风向位置施药。

（5）库房熏蒸，应设置"禁止入内"、"有毒"等标志，熏蒸库房内温度应低于35℃；熏蒸作业必须由2人以上轮流进行，并设专人监护。

（6）农药拌种应在远离住宅区、水源、食品库、畜舍并且通风良好的场所进行，不得用手接触药剂进行操作。

（7）施用高毒农药，必须用2名以上操作人员；施药人员每日工作不超过6小时，连续施药不超过5天。

（8）施药时，不允许操作人员和家畜在施药区停留，凡施过药的区域，应设立警告标志。

（9）临时在田间放置的农药、浸药种子及施药器械，必须有人看管。

（10）施药人员如有头痛、头昏、恶心、呕吐等中毒症状时，应立即离开现场并接受急救治疗。

（11）不要用嘴去吹堵塞的喷头，应用牙签、细铁丝或水来疏通喷头。

（12）一般至少24小时以后才能进入喷药的田间。

（13）未经训练的人员不得从事施药工作，身体不健康或孕妇不得施药。

（14）不要让儿童接触和施用农药，要在远离儿童的区域进行安全作业。

（15）凡已订出"农药安全使用标准"的品种，均按照"标准"的要求执行，尚未制订"标准"的品种，严格按照批准登记的使用方法施药，并执行下列规定。

①高毒农药不准用于蔬菜、茶树、瓜类、果树、中药材等作物，不准用于防治卫生害虫和人、畜皮肤病；除杀鼠剂外，也不准用于毒鼠。

②高残留农药不准在果树、蔬菜、茶树、中药材、烟草、咖啡、胡椒、香茅等作物上使用。

③三氯杀螨醇不得用于茶树。

④其他农药应按农业部颁发的农药登记证上所批准的作物（范围）、剂量和方法使用，不得在未经批准登记的作物（或范围）上使用。

⑤禁止用农药毒鱼、虾、青蛙和有益的鸟兽。

⑥禁止使用国家明令禁止生产、使用的农药品种。

3. 合理复配、混用农药　复配、混用农药包括把两种或两种以上的农药成分制成混剂或用户使用前在现场将两种或两种以上的农药产品现混现用等不同形式。目前，复配、混用发展很快，但在复配、混用农药时，必须遵循以下原则和要求：

（1）两种混合用的农药不能起化学变化　农药有效成分的化学结构和化学性质是其生物活性的基础，所以在混合农药时要特别注意混合后各有效成分、溶剂、乳化剂等的相互作用以及是否会产生化学变化。因为这种变化有可能导致有效成分的分解失效。此外，有效成分的化学变化也可能会产生有害的物质，从而造成药害。

（2）田间混用的农药物理性状应保护不变。在田间现混现用时，要注意不同成分的物理性状是否改变。两种农药混合后产生分层、絮结，这样的农药不能混用；另外，混用后出现乳剂破坏、悬浮率降低甚至有结晶析出，这样的情况也不能混用，否则将因物理性状的改变而降低药效或产生药害。

（3）不同农药混用不应增加对人、畜、农禽和鱼类的毒性以及对其他有益生物天敌的危害。

（4）混用的农药品种要求具有不同的作用方式和不同的防治靶标，农药混用的目的之一就是兼治不同的防治对象，以达到扩大防治谱的作用，因此要求混用的农药具有不同的防治靶标。

（5）不同种农药混用在药效上要达到增效目的，不能有拮抗作用。

（6）混剂施用后，农副产品中的农药残留量应低于单用药剂的残留量。

（7）农药混用应使农民能降低使用成本。

4. 合理轮换使用农药 由于农药在使用过程中害虫会不可避免地产生抗药性，特别是在一个地区长期单独使用一种农药时，将会加速抗药性的产生。因此，在使用农药时必须强调要合理轮换使用不同种类的农药，以减缓抗药性的发展。

（四）农药的使用方法

1. 喷雾法 用喷雾器把药液均匀地分散到靶标对象上，是目前最常用的施药方法，适于喷雾的剂型包括乳油、悬浮剂、微胶囊悬浮剂、水剂、可湿性粉剂、可溶性粉剂，以及专用于超低容量喷雾的油剂等。我国根据单位面积喷洒药液量的多少，划分为 5 个容量级别。大容量喷雾法使用喷孔直径为 0.8~1.6 毫米，多采用手动的背负式、单管式、踏板式和机动的压缩式喷雾器，喷孔直径越小，压力越大，产生的雾滴越小，雾滴在植物表面分布的越均匀，反之，喷孔越大，产生的雾滴越大，不易喷布均匀，同时浪费药剂也多。在生产中多数情况下是喷孔过大，用喷枪尤其如此，调节大水量，粗雾滴，看着喷的像下雨，但叶背面喷不匀，药剂浪费严重，需要改进的是提高农药的利用率。由于超低容量喷雾雾滴微小、飘移性强，叶背面着药少，对活动性强的红蜘蛛、蚜虫等效果差，因此在果园使用很少，主要用于林业飞机大面积防治，或者在大棚内用小型超低容量喷雾器喷雾，可以避免大容量造成的空气湿度过高。

2. 喷粉法 喷粉法施药是用喷粉或其他工具将粉剂农药喷洒到树体及物体表面，目前多半用于大棚果树或果树地面施药，在缺水的地方可以避免用水，在大棚果树上使用可以防治病虫害，而不会因喷雾造成空气湿度提高，引起某些病害加重。喷粉的时间最好是在雨后初晴的早、晚有露水时，喷洒要均匀，野外喷粉注意看天气预报，避免在降雨前喷药，防止被雨水冲刷，缩短有效期。

3. 土壤处理法 农药土壤处理有多种方法，根据防治对象不同可选用适宜的方法，如浇泼法，在防治草莓地下害虫时可使用此法，可顺行开沟，然后将 40％辛硫磷乳油稀释成 300 倍液顺沟浇灌，然后覆土，对蛴螬、地老虎、蝼蛄都可防治。在防治桃小食心虫时，可以先将地面杂草清除，然后用 40％毒死蜱乳油 300 倍液在树冠下喷雾，桃小食心虫的越冬幼虫出土后，接触药剂而死亡，也可用 3％辛硫磷颗粒剂、毒死蜱颗粒剂撒于土壤表面，然后用耙子和表土搅匀。土壤处理法用水量少，省工省力，由于减少了光线直射，农药分解慢，控制害虫持效期长。土壤处理法不直接接触果实，可以减少果实农药残留，但应注意有些农药在土壤中难以降解，可能随浇灌或雨水下渗污染地下水源。另外，在预防金龟子为害时，可以对有机肥进行药剂处理，特别是白星金龟子喜欢在鸡粪中产卵，对禽畜粪便用 40％辛硫磷 300 倍液泼浇，然后用土封闷腐熟再施入土壤，可以杀灭有害病虫。防治果树根部病害，需要将病根挖出，刮净病斑，然后用杀菌剂配成适当浓度对周围土壤进行处理。

4. 注射法　注射法就是通过树干或者根系将农药注入树体内，可用高压注射器、人工输液管，或者根部埋瓶。目前，见到的高压注射器和踏板式喷雾器原理近似，先用钻在树干上钻一个导孔，深度约为干径的 1/4，然后把针头插入孔内，高压注入所需要的药液或营养液。一般可注入 50～300 毫升，注射完毕后用木塞堵住导孔。也可在树干上钻一个小孔，将输液瓶挂在较高的位置，将针头插入孔内，用输液管连接起来，使药剂慢慢滴入，并被树体吸收。还有在树冠大枝下对应的地面挖出侧根，将根插入装有营养液的瓶内，使根系快速吸收养分。注射法多用于矫正营养失衡，如矫正缺铁、缺锌等，见效快，效果也好。此法使用后要注意伤口保护，在钻孔处可涂杀菌剂，防止感染腐烂病。

5. 涂抹法　由于果树树木单株占地面积较大，有些害虫需要通过树干爬行上树为害，可以通过在树干上设置障碍阻止害虫上树，也可通过使用内吸性药剂涂抹在树干上，通过树干吸收药液传导到树冠上部杀死取食汁液的害虫。如防治枣尺蠖可在惊蛰前，先在枣树、苹果树下部光滑处绑 5 厘米宽的塑料带，塑料带下缘内折，接口钉紧，然后在塑料带的下缘涂尺蠖灵药膏，宽度 1 厘米即可。这样一来可以防治出土上树的枣尺蠖雌蛾，又可兼治枣飞象和上树的红蜘蛛。另外，如桃树开花前，可用杀虫剂药液在树干上涂20厘米宽，待干后再涂一次，然后用塑料薄膜包扎，可以防治桃蚜等，在涂药前，要先将涂药处粗皮刮净，不能使用剧毒农药，涂药的时间以春季和秋初果树生长旺盛季节为宜，休眠期树液停止流动时无效，干旱缺水效果不好，温度高时在包扎1周后及时去除包扎的塑料薄膜，以防高温发生树皮烧伤，或长期包扎引起树皮腐烂。涂抹法药剂只是局部使用，不会造成喷洒的飘移污染，一般局部用药相对数量少，成本低，对天敌也相对安全，值得摸索推广，但受防治种类限制。

6. 毒饵法 毒饵法是用害虫喜爱吃的食物和药剂一起制成毒饵，放在害虫活动为害的地方，诱使害虫取食中毒死亡。常用的如防治地下害虫，将糠麸、饼渣等先加热炒香，然后和敌百虫混合，傍晚撒在蝼蛄、地老虎活动的地方，混合的农药气味要小。另外，可用性诱剂和农药结合，把虫子诱来后与农药接触杀死，也是利用毒饵的方法。

7. 拌种法 拌种法是将农药、微肥等按一定的比例和种子均匀混合，使种子表面粘上一层药膜用于防治种子表面带菌和播种后害虫、老鼠为害，种子拌药时要均匀，种子拌药后最好堆闷一定的时间，使种子充分吸收药液。另外，可对果树的枝条、根系采取浸蘸药液的方法处理，如插条浸蘸生根剂可以提高插条生根率，苗木浸根可以杀灭根系所带的根结线虫和病菌等。

（五）废弃农药的处理

在农药的贮运、销售和使用中往往会出现农药废弃物。农药废弃物产生的来源有很多方面，这些废弃物如果不加强控制与管理，势必对人类的健康造成潜在的危害及环境的污染。所以，农药废弃物的安全处理具有重要意义。

1. 农药废弃物的含义和来源 农药废弃物包括被禁止使用的农药，过期失效的农药，可以使用但不再需要使用的农药，形成原因主要有以下几种情况。

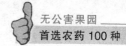

（1）过量供应的农药，不符合实际需要而赠送或购买的农药。

（2）贮存不当而引起变质的农药以及过期失效的农药。

（3）被禁止生产和使用但仍有库存的农药。

（4）因包装过大而无法用完的农药。

（5）农药废旧包装物，包括盛农药的瓶、桶、罐、袋等。

（6）此外，还通常包括被农药污染的物品、土壤和地面等。

针对农药废弃物的产生来源，采取必要的方法进行防护和安全处理是保证环境和人类安全的有效措施。

2. 农药废弃物处理的一般原则

（1）首先要遵守农药的法律法规和有关废弃物处理的法规。

（2）农药废弃物，不要堆放时间太长后再处理。

（3）如果对农药废弃物的特性把握不准，要进行检测分析或征求有关专家的意见，妥善处理。

（4）在进行废弃物处理时要穿戴对农药有防护作用的防护服。

（5）不要在对人、畜、植物以及食品和水源有危害的地方清理农药废弃物。

（6）不要无选择地随意堆放和抛弃农药废弃物。

3. 农药废弃物的安全处理　监督执法人员遇到查封的农药产品，可按照如下程序处理。

（1）对查封的未登记的农药产品，监督执法人员应责令经营单位将货全部退回生产企业处理。

（2）对已获得农药登记的过期农药产品，应先送样至省级以上农药检定机构对产品质量进行检验，对仍符合产品质量标准的产品，监督执法人员应限制经销单位在一定期限内销售。对经检验不合格的产品，监督执法人员应责令经营单位将产品退回生产企业。

（3）对已获得登记并仍在质量保证期限内，但经检验属不合格的农药产品，农药监督执法人员应没收不合格的农药，统一销毁处理，或在其监督下，责令生产、经销者立即将产品退回生产企业处理或重新进行加工。

（4）对混有产生药害成分的产品和国家明令禁止生产和使用的

农药产品，应在具有防渗结构的沟槽中掩埋，要求远离住宅区和水源，并设立"有毒"标志，应鼓励采用高温焚烧炉法处理农药废弃物。

（5）在非施用场所溢漏的农药要及时处理。在进行农药作业时，为避免农药发生溢漏，作业人员应穿戴防护服（专用的手套、鞋子和护眼器具等）。如果作业中发生溢漏，则要求由专人负责妥善管理污染区，以防儿童或动物靠近或接触；对于固态农药如粉剂和颗粒等，要用干砂或干土掩盖并清扫到安全地方或施用区；对于液态农药，可用锯木、干土或粒状吸附物清理；不得将清洗后的水倒入下水道、水沟或池塘等。

（6）农药废旧包装物严禁作为他用，不能乱丢乱放，要妥善处理，完好无损的可由销售部门或生产厂统一回收。具体讲，金属罐和桶，要破坏，然后高温处理或埋掉，土坑中容器的顶层距地面应50厘米以上；玻璃容器，要打碎并埋起来，或高温处理；农药包装纸板要焚烧；塑料容器要穿透并焚烧，焚烧应在焚烧炉中进行，不要随地焚烧；此外，如果不能马上处理废旧包装物，则应把它们堆放在安全的地方。总之，不得用农药废旧容器装食物或饲料，否则极易引起人、畜中毒。

最后应指出，对于大量废弃农药的处理，应征得劳动、环保部门的同意，并报上级主管部门备案，以防止二次污染。

农药废弃物的防护和安全处理是保证环境和人类安全的有效措施。因此，除执法部门外，各生产厂家、经销商和使用者应自觉接受监督并配合做好农药废弃物的安全处理。

六、抗药性的发生与预防

一种农药用于防治某一种害虫或病害，经多次反复使用，药效明显减低，需要加大几倍、几十倍甚至更大倍数才能达到原先的防治效果，有的加大药量也无效，这就是病虫产生了抗药性。目前，世界上已有500余种害虫和螨类对16种农药产生了程度不同的抗药性。果树上的蚜虫、叶螨、梨木虱等害虫抗药性均很强。植物病

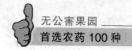

原菌的抗药性亦很普遍，例如苹果斑点落叶病、梨黑星病等对多菌灵、扑海因、多氧霉素都产生了抗药性。

（一）病虫抗药性的形成

1. 长期单一使用一种药剂，经多次淘汰，将抗药性较强的少量害虫和病菌保存下来，继而不断繁衍形成抗性种群。

2. 生活史短、繁殖快、数量大、代别多的害虫（如蚜虫、叶螨等）和病菌中的专性寄生菌（如白粉菌、锈菌、梨黑星菌等）更易产生抗药性。这些病虫繁殖迅速，接触药剂机会多，产生抗药性也快。

3. 有些害虫本身具有解毒的酶类物质，当长期使用某种农药时，解毒酶活性增强，可将体内的药剂由高毒变为低毒或无毒，其抗药性就会自然增强，这就是害虫的生理解毒作用，即体内抗药性。另外，有的害虫在药剂的长期作用下，药剂难以渗透虫体表皮，从而成为形态保护作用，即表皮抗药性。不同类型农药对病虫产生抗药性的程度有明显差异，例如病虫对杀虫剂中有机磷内吸性农药（乐果、对硫磷等）和拟除虫菊酯广谱性农药（敌杀死等），杀菌剂中内吸性农药（粉锈宁、多菌灵、甲基托布津、速克灵等），都较其他农药更易产生抗药性。

（二）病虫抗药性的预防

1. 交替用药 防治病虫不要长期单一使用同一种农药，以防抗药种群的形成。应尽量选用作用机理不同的几个农药品种，如杀虫剂中有机磷、拟除虫菊酯、氨基甲酸酯、昆虫生长调节剂以及生物农药等几大类农药，可以交替使用，也可在同一类农药中不同品种间交替使用。杀菌剂中内吸性制剂、非内吸性制剂和农用抗生素交替使用。这样就可以明显延缓病虫抗药性的产生。

2. 混用农药 将两三种不同作用方式和机理的农药混用，可延缓病虫抗药性的产生和发展速度。例如灭菌丹和多菌灵混用，瑞毒霉和代森锰锌混用，拟除虫菊酯和有机磷混用，都比使用单剂效果好。农药能否混用，必须符合下列原则：一是要有明显的增效作用；二是对植物不能发生药害，对人、畜的毒性不能超过单剂；三是能扩大防治对象；四是降低成本。混配农药也不能长期单一使用，否则同样会产生抗药性，甚至会出现病虫对多种农药同时产生抗性，那样后果就更严重。农药混用剂有两种：一是自行混配，但必须现用现配，不能放置时间过长；二是工厂已混配好的药剂。目前混配较多的药剂有：杀菌剂之间的混配，如瑞毒霉和代森锰锌混配成瑞毒锰锌，兼有保护和治疗效果。杀虫剂之间混配，如马拉硫磷和氰戊菊酯混配的菊马乳油，兼有两种单剂的优点，具有胃毒、触杀和内吸 3 种作用，并能防治蚜、螨以及多种鳞翅目害虫。除草剂之间的混配，如 2 甲 4 氯和杀草丹混配，兼有内吸传导和触杀双重性能，并能延长药效期。另外，还有杀虫剂和杀菌剂混配的，可兼治病虫，如三唑酮和马拉硫磷或氧化乐果和甲基异柳磷混用，可兼治小麦白粉病、锈病和蚜虫、地下害虫。

3. 农药品种的间隔使用或停用 某些病虫对一种农药（如氧化乐果、多菌灵等）已经产生抗药性，可在一段时间停用，改换其他品种，抗药性便会逐渐下降，甚至基本消失，然后再继续使用。除此之外，还应注意科学用药，并根据病虫的防治指标，掌握关键期进行防治，以延长农药的使用寿命。

七、农药的稀释与配制方法

除少数可以直接使用的农药制剂以外，一般农药在使用前都要经过配制才能施用。农药的配制就是把商品农药配制成可以施用的状态，例如，乳油、可湿性粉剂等本身不能直接施用，必须对水稀释成所需要浓度的喷施液才能喷施。

农药配制一般要经过农药和配料取用量的计算、量取、混合等几个步骤，正确地配制农药是安全、合理使用农药的一个重要环节。

（一）计算农药和配料的取用量

农药制剂取用量要根据其制剂有效成分的百分含量、单位面积的有效成分用量和施药面积来计算。商品农药的标签和说明书中一般均标明了制剂的有效成分含量、单位面积上有效成分用量，有的

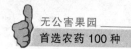

还标明了制剂用量或稀释倍数。所以，要准确计算农药制剂和配料取用量，首先要仔细、认真阅读农药标签和说明书。目前，我国市场上流通的农药绝大部分都办理了登记，其标签和说明书都经过了严格审查，是可靠的。

1. 如果农药标签或说明书上已注有单位面积上的农药制剂用量，可以用下式计算农药制剂用量：

农药制剂用量［毫升（克）］＝单位面积农药制剂用量［667 米^2 的毫升（克）数］×施药面积（667 米^2）*

2. 如果农药标签上只有单位面积上的有效成分用量，其制剂量可以用下式计算：

$$农药制剂用量［毫升（克）］＝\frac{单位面积有效成分用量（667 米^2 的克数）}{制剂中有效成分百分含量（\%）}×施药面积（667 米^2）$$

3. 如果已知农药制剂要稀释的倍数，可通过下式计算农药制剂用量：

$$农药制剂用量［毫升（克）］＝\frac{要配制的药液量或喷雾器容量（毫升）}{稀释倍数}$$

（二）安全、准确地配制农药

计算出制剂取用量和配料用量后，要严格按照计算的量量取或称取；液体药要用有刻度的量具，固体药要用秤称量；量取好药和配料后，要在专用的容器里混匀；混匀时，要用工具搅拌，不得用手；由于配制农药时接触的是农药制剂，有些制剂有效成分相当高，引起中毒的危险性大，所以在配制时要特别注意安全。为了准确、安全地进行农药配制，应注意以下几点。

1. 不能用瓶盖倒药或用水桶配药；不能用盛药水的桶直接下沟、河取水；不能用手或胳臂伸入药液或粉剂中搅拌。

---

* 667 米^2＝1 亩。全书同。

2. 在开启农药包装、称量配制时，操作人员应戴用必要的防护器具。

3. 配制人员必须经专业培训，掌握必要的技术和熟悉所用的农药性能。

4. 孕妇、哺乳期妇女不能参与配药。

5. 农药称量、配制应根据药品性质和用量进行，防止溅洒、散落。

6. 配制农药应在离住宅区、牲畜栏和水源远的场所进行，药剂随配随用，已配好的应尽可能采取密封措施，开装后余下的农药应封闭在原包装内，不得转移到其他包装中（如喝水用的瓶子或盛食品的包装）。

7. 配药器械一般要求专用，每次用后要洗净，不得在河流、小溪、井边冲洗。

8. 少数剩余和不要的农药应埋入地坑中。

9. 处理粉剂和可湿性粉剂时要小心，以防止粉尘飞扬；如果要倒完整袋可湿性粉剂农药，应将口袋开口处尽量接近水面，站在上风处，让粉尘和飞扬物随风吹走。

10. 喷雾器不要装得太满，以免药液泄漏，当天配好的，当天用完。

八、农药药害及其处理

本书中仅介绍常见果树药害及其处理。在果树生长过程中，因喷洒农药不当，便会造成药害，如不立即采取补救措施，轻者影响果树正常生长，造成减产减收；重者会导致果树死亡，造成严重经济损失。

（一）常见药害症状

1. 芽部药害　果树发芽推迟，不能正常发芽，严重时部分芽变黑枯死。特别是核果类桃、杏等树种容易发生。

2. 叶部药害　药后1～2天，叶面出现圆形或不规则形红色药斑。叶尖、叶缘变褐干枯，严重的全叶焦枯脱落。药后5～7天，

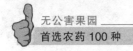

叶片部分不规则变黄，严重的全叶变黄脱落。

3. 果实药害 药后 3～5 天，幼果果面出现红色或褐色小点斑。随果实发育膨大成圆形斑，但一般不脱落。有的药后 7～10天，幼果大量脱落，严重的全树落光。7～8 月份果面因喷药出现铁锈色或"波尔多"药斑，红果变成"花脸"果，严重的影响果品等级。

4. 枝干药害 从地面沿树干向上树体韧皮部变褐，严重的延伸到二至三年生枝。5～7 天后严重的全树叶片变黄脱落或干焦在树上；轻的部分主枝变黄枯死，部分受害轻的树，还能长出新叶。

从药害症状表现时间划分，农药药害可分为急性药害和慢性药害。急性药害，是指施药后 10 天内所表现的症状，一般发生很快，症状明显，大多表现为斑点、失绿、烧伤、凋萎、落花、落果、卷叶畸形、幼嫩组织枯焦等。慢性药害，施药后数十天才会出现药害症状，且症状不明显，主要影响作物的生理活动，如出现黄化、生长发育缓慢、畸形、小果、劣果等。另外，有一些农药在土壤中残留期较长，容易影响下茬作物的生长，这也是一种慢性药害的表现。

（二）药害发生原因

药害发生的原因主要与农药的质量、使用技术、果树种类和气候条件等因素有关。农药质量不合格，原药生产中有害杂质超过标准，农药贮存超过保质期，有效成分分解成有害物质，不仅杀虫、杀菌效果差，还易出现药害；农药使用过量，包括浓度过大、重复喷药，也易造成药害；农药混用不当，同时施用两种或两种以上农药，农药间相互发生化学变化，杀虫、杀菌效果低，还可发生药害；环境条件也是发生药害的重要原因，如喷波尔多液后，药液未干遇雨或气温过高等。

（三）补救措施

1. 灌水喷水 如发现早，应立即喷水冲洗受害植株，以稀释和洗掉粘附于叶面和枝干上的农药，降低树体内的农药含量。此项措施越早越及时效果则越好。若是土施呋喃丹颗粒剂等内吸剂而引起药害，应及时采取排灌洗药的措施，即先对果园地表进行大水漫灌，再灌 1～2 次流动水，以洗去土壤中残留的农药。

2. 喷药中和　如药害造成叶片白化时，可用粒状的 50％腐殖酸钠（先用少量的水溶解）配成 3 000 倍液进行叶面喷雾；或用同样方法将 50％腐殖酸钠配成 5 000 倍液进行灌溉，3～5 天后叶片会逐渐转绿。如因波尔多液中的硫酸铜离子产生的药害，可喷0.5％～1％的石灰水溶液来消除药害；如因石硫合剂产生的药害，在水洗的基础上，再喷洒 400～500 倍的米醋溶液，可减轻药害；使用乐果不当而引起的药害，可喷施 200 倍的硼砂液 1～2 次；若错用或过量使用有机磷、菊酯类、氨基甲酸酯类等农药造成的药害，可喷洒 0.5％～1％的石灰水、洗衣粉溶液、肥皂水等，尤以喷洒碳酸氢铵碱性化肥溶液为佳，不仅有解毒作用，而且可以起到根外追肥、促进生长发育的作用。不管是喷洒碱性物质还是碱性化肥，一定要注意适量，以免浓度过大而加重药害。

3. 及时追肥　果树遭受药害后，必须及时追肥（氮、磷、钾等化肥或稀薄的人粪尿），以促使受害果树尽快恢复长势，如药害为酸性农药造成，可撒施一些草木灰、生石灰，药害重的用 1％的漂白粉液进行叶面喷施。对碱性农药引起的药害，可追施硫酸铵等酸性化肥。无论何种药害，叶面喷施 0.3％的尿素溶液加 0.2％的磷酸二氢钾混合液，或用 1 000 倍液植物动力 2003 喷施，每隔 15～17 天 1 次，连喷 2～3 次，均可减轻药害。

4. 注射清水　在防治天牛、吉丁虫、木蠹蛾等钻蛀害虫时，因用药浓度过高而引起的药害，要立即自树干上虫孔处向树体注入大量清水，并使其向低处流，以稀释农药，如为酸性农药药害，在所注水液中加入适量的生石灰，可加速农药的分解。

5. 中耕松土　果树受害后，要及时对园地进行中耕松土（深度 10～15 厘米），并对根干进行人工培土，适当增施磷、钾肥，以改善土壤的通透性，促使根系发育，增强果树自身的恢复能力。

6. 适量修剪　果树受到药害后，要及时适量地进行修剪，剪除枯枝，摘除枯叶，防止枯死部分蔓延或受病菌侵染而引起病害。

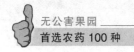
九、农药的中毒及急救

在接触农药的过程中，农药进入人体内超过了最大忍受量，就会使人的正常生理功能受到影响，出现生理失调，产生病理改变等系列现象，如激动、烦躁不安、疼痛、痉挛、呼吸障碍、昏迷、心搏骤停、休克等症状，这就是农药中毒的现象。

（一）农药中毒的类型

以农药中毒后引起人体所受损害程度的不同可分为轻度、中度、重度中毒；以中毒快慢可分为急性中毒、亚急性中毒、慢性中毒。

1. 急性中毒 农药一次性被人口服、吸入或皮肤接触量较大，在 24 小时内就表现出中毒症状的为急性中毒。

2. 亚急性中毒 一般是人在接触农药 48 小时内，出现中毒症状；时间较急性中毒长，症状表现较缓慢。

3. 慢性中毒 接触农药量较少、时间长容易产生累积性慢性中毒。农药进入人体后累积到一定量才表现出中毒症状，一般不易被察觉，诊断时往往被认为是其他症状。所以慢性中毒易被人们忽略，一旦发现，为时已晚。在日常生活中长时间食用了农药残留量超标的蔬菜、水果，饮用了农药污染的水，或接触、吸入了卫生杀虫剂等大多会引起累积性的慢性中毒。

（二）农药中毒的一般症状

由于不同农药中毒作用机制不同，所以有不同的中毒症状表现，一般表现为激动、烦躁不安、疼痛、恶心呕吐、痉挛、肺水肿、脑水肿、呼吸障碍、心搏骤停、休克、昏迷等。为了尽量减轻症状和死亡，必须及早、尽快地采取急救措施。

（三）农药中毒的治疗原则

1. 尽快脱离中毒现场，中止毒物的继续吸收。

2. 解毒治疗，给予解毒剂，拮抗、解除或加速排出已进入机体内的毒物。

3. 对症治疗，控制病情发展，减轻或解除患者的各种症状，其目的是促进受损害的器官恢复正常功能。

4. 支持治疗，保护或增强中毒者的抵抗力，提高自身抗毒能力，促进早日恢复健康。

（四）急救措施

去除农药污染源，防止农药继续进入人体内，是急救中的重要措施之一。

1. 经皮引起的中毒　应立即脱去被污染的衣裤，迅速用温水冲洗干净，或用肥皂水冲洗（敌百虫除外，因它遇碱后会变为更毒的敌敌畏），或用 4% 碳酸氢钠溶液冲洗沾药的皮肤。若眼内溅入农药，立即用生理盐水冲洗 20 次以上，然后滴入 2% 可的松和 0.25% 氯霉素眼药水，疼痛加剧者，可滴入 1%～2% 普鲁卡因溶液。严重者送医院治疗。

2. 吸入引起中毒　立即将中毒者带离现场到空气新鲜的地方，并解开衣领、腰带，保持呼吸畅通，注意保暖，严重者送医院抢救。

3. 经口引起的中毒　应及早引吐、洗胃、导泻或对症使用解毒剂。

（1）引吐　引吐是排除毒物很重要的方法，主要方法有四种：①先给中毒者喝 200～400 毫升水，然后用干净手指或筷子等刺激咽喉引起呕吐；用 1% 硫酸铜液每 5 分钟一匙，连用 3 次。②用浓食盐水、肥皂水引吐。③用中药胆矾 3 克、瓜蒂 3 克碾成细末一次冲服。④砷中毒时可用鲜羊血引吐。

引吐必须在人神志清醒时采用，人昏迷时决不能采用，以免因呕吐物进入气管造成危险，呕吐物必须留下以备检查用。

（2）洗胃　引吐后应早、快、彻底地进行洗胃，这是减少毒物在人体内存留的有效措施，洗胃前要根据不同农药选用不同的洗胃液。①若神志尚清醒者，自服洗胃剂；神志不清者，应先插气管导管，以保持呼吸道畅通，要防胃内物倒流入气管，在呼吸停止时，可进行人工呼吸抢救。②抽搐者应控制抽搐后再行洗胃。③服用腐蚀性农药的不宜采用洗胃，引吐后，口服蛋清及氢氧化铝胶、牛奶

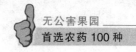

等以保护胃黏膜。④最严重的患者不能插胃管，只能用手术剖腹造瘘洗胃，这是在万不得已时才采用的方法。

（3）导泻　毒物已进入肠内，只有用导泻的方法清除毒物。导泻剂一般不用油类泻药，尤其是以苯作溶剂的农药。

导泻可用硫酸钠或硫酸镁30克加水200毫升一次服用，再多饮水加快导泻。有机磷农药重度中毒时，呼吸受到抑制后不能用硫酸镁导泻，避免镁离子大量吸收加重了呼吸抑制。磷化锌中毒也不能用硫酸镁。

（五）及早排出已吸收的农药及其代谢物

可采用吸氧、输液、透析等方法及早排出已吸收的农药及代谢物。

1. 吸氧　气体状或蒸汽状的农药所引起的中毒，吸氧后可促使毒物从呼吸道排除出去。

2. 输液　在无肺水肿、脑水肿、心力衰竭的情况下，可输入10％或5％葡萄糖盐水等促进农药及其代谢物从肾脏排除出去。

3. 透析　采用结肠、腹膜、肾透析等。

十、农药的标签

有人把农药的标签形象的比喻成农药的"身份证"。其实农药的标签不仅具体体现了一个农药品种的身份，更重要的是一个好的农药标签可以指导人们科学、合理、安全的使用农药，因此农药标签是农药管理的重要内容。按我国农业部农药检定所制订的《农药登记标签内容要求》和《农药使用说明书内容要求》的规定，农药标签的内容主要包括农药名称、有效成分及含量、剂型、农药登记证号或农药临时登记证号、农药生产许可证号或农药生产批准文件号、产品标准号、企业名称及联系方式、生产日期、产品批号、有效期、重量、产品性能、用途、使用技术和使用方法、毒性及标识、注意事项、中毒急救措施、贮存和运输方法、农药类别、象形图及其他经农业部核准要求标注的内容。分装的农药，还应注明分装单位。农药标签常用的材料为铜版纸或PVC。

（一）农药的名称

单制剂使用农药有效成分的通用名称，混配制剂使用各有效成分通用名称的组合作为简化通用名称，但不多于 5 个字，各有效成分通用名称间插入间隔号"·"，如丁硫克百威与福美双混配，其混剂有效成分的名称为丁硫·福美双。混配制剂要标注总有效成分含量以及各有效成分的通用名称和含量，如 25％辛硫·甲氰菊酯乳油，其中辛硫磷 20％、甲氰菊酯 5％。

（二）农药的"三证"

农药的"三证"号是指农药的登记证号、生产许可证号或批准文件号、产品标准号。国产农药必须有"三证"。

农药的登记证有两种，即正式登记证和临时登记证。对田间使用的农药，其临时登记证号以"LS"标识，正式登记证号以"PD"标识。对于卫生用农药，其临时登记证号以"WL"标识，正式登记证号以"WP"标识。直接销售的进口农药只有农药登记证号；国内分装的进口农药，具有分装登记证号、分装批准证号和执行标准号。

农药生产许可证号的格式是以 XK 开头，农药生产批准文件号格式是以 HNP 开头。我国农药质量标准分为国家标准、行业标准和企业标准，其标识语分别以 GB 或 Q 等开头。如果产品的"三证"不是以上述字母开头的，往往是自己编写的，不受法律保护，其质量值得怀疑。

（三）农药类别颜色标志带

各类农药标签下方均有一条与底边平行的、不褪色的特征颜色标志带，表示不同种类农药，公共卫生用农药除外。如杀菌剂为黑色；杀虫剂、杀螨剂、杀螺剂为红色；除草剂为绿色；杀鼠剂为蓝色；植物生长调节剂为深黄色。农药产品中含有两种或两种以上不同类别的有效成分时，其产品颜色标志带应由各有效成分对应的标志带分段组成。

只有在有效期内的农药，其质量与效果才有保证。有效期有三种表示方法，分别是以产品质量保证期限、有效日期或失效日期表

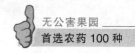

示。根据生产日期和有效期来判定产品是否在质量保质期内。千万不要购买没有生产日期或已过期的农药。

（四）产品性能、用途及用法

产品的性能包括基本性质、主要功能、作用特点等。用途和用法主要包括适用作物或使用范围、防治对象以及施用时期、剂量、次数和方法等。未经登记的使用范围和防治对象不得出现在标签上。

用于大田作物时，使用剂量采用每公顷使用该产品的制剂量表示，并以括号注明每 667 米^2 用制剂量或稀释倍数。24％虫酰肼悬浮剂防治甘蓝甜菜夜蛾，每公顷用制剂量为 600 毫升（折合每 667 米^2 40 毫升）。

用于树木等作物时，使用剂量采用总有效成分量的浓度值表示，并以括号注明制剂稀释倍数。如 24％虫酰肼悬浮剂防治苹果卷叶蛾有效浓度为 100～200 克/升（即 1 200～2 400 倍）。

种子处理剂的使用剂量用农药与种子的质量比表示。特殊用途的农药，使用剂量的表述应与农药登记批准的内容一致。如使用70％种子处理可分散粉剂拌棉花种子，防治苗期蚜虫，其药种比为1∶（500～600）。

（五）注意事项

产品使用需要明确安全间隔期的，应当标注使用安全间隔期及农作物每个生产周期的最多施用次数。

对后茬作物生产有影响的，应当标注其影响以及后茬仅能种植的作物或后茬不能种植的作物、间隔时间。

对农作物容易产生药害，或者病虫容易产生抗性的，应当标明主要原因和预防方法。

对有益生物（如蜜蜂、鸟、蚕、蚯蚓、天敌及鱼、水蚤等水生生物）和环境容易产生不利影响的进行明确说明，并标注使用时的预防措施、施用器械的清洗要求、残剩药剂和废旧包装物的处理方法。

此外，已知与其他农药等物质不能混合使用的，应当标明；开启包装物时容易出现药剂撒漏或人身伤害的，应当标明正确的开启方法及施用时应当采取的安全防护措施；应标明国家规定禁止使用的作物或范围等。

（六）农药毒性的标识及安全象形图

农药毒性的标识应当为黑色，描述文字应当为红色。农药使用安全象形图如图1。

戴手套　　　戴口罩　　　戴防毒面具　　　穿胶鞋　　　用后洗手

对家畜有害　　对鱼有害，不要污染　　对蜜蜂有害　　对蚕有害
　　　　　　湖泊、河流、小溪和池塘

图1　农药使用安全象形图

（七）生产日期和有效期

生产日期应当按照年、月、日的顺序标注，年份用四位数字表示，月、日分别用两位数表示。有效期以产品质量保证期限、有效日期或失效日期表示。

（八）其他

贮存和运输方法应当包括贮存时的光照、温度、湿度、通风等环境条件，要求及装卸、运输时的注意事项，并醒目标明"远离儿童"、"不能与食品、饮料、粮食、饲料等混合贮存"等警示内容。

此外，还应有企业名称、地址、邮政编码、联系电话等。

标签虽小，却涵盖了诸多内容，农民朋友在购买农药时应仔细查看标签，辨别真伪农药，并做到科学使用农药。

《农药标签和说明书管理办法》实施以来，农药标签走向了规范化，但现实中仍存在一些问题。如标签上的农药名称和批准登记

43

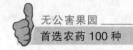
的名称不符。有的农药生产厂家为了增加其产品的吸引力和扩大销路，往往不顾农业部农药检定所批准登记的农药名称的法规效力，再另起别的新奇名称。

还有的农药超越批准登记的范围，任意增加适用作物和防治对象。农药效果的好坏受很多因素的影响，适用作物和防治对象必须由严格的试验来确定，这正是要求农药推广使用前必须经过注册审批的重要原因。盲目扩大适用作物和防治对象极有可能发生防治效果不好和产生药害等问题，使农业生产遭受损失。

第二章

无公害果园首选杀虫剂

一、阿维菌素

[通用名称及其他名称] 通称阿维菌素，又称齐螨素、海正灭虫灵、7051 杀虫素、螨虱净、百特灵、强棒、维多力、爱福丁、阿巴丁、螨虫盖特、农哈哈、虫螨克、阿维虫清等。

[英文通用名称] abamectin。

[作用特点] 阿维菌素是一种农用抗生素类杀虫、杀螨剂，属昆虫神经毒剂，主要干扰害虫神经生理活动，使其麻痹中毒而死亡；具触杀和胃毒作用，无内吸性，但有较强的渗透作用，并能在植物体内横向传导，杀虫（螨）活性高，比常用农药高 5～50 倍，用药量仅为常用农药的 1％～2％；对胚胎未发育的初产卵无毒杀作用，但对胚胎已发育的后期卵有较强的杀卵活性。该药剂对抗药性害虫有较好的防效，与有机磷、拟除虫菊酯和氨基甲酸酯类农药无交互抗性，残效期 10 天以上；具有高效、广谱、低毒、害虫不易产生抗性、对天敌较安全等特点。

[制剂类型] 阿维菌素 1.8％、1％、0.6％乳油。

[防治对象] ①金纹细蛾、桃蛀果蛾等潜叶蛾类。②山楂叶螨、二斑叶螨等螨类。③梨木虱、棉铃虫及蚜虫类。

[使用方法]

（1）防治山楂叶螨，在该螨发生初期用 1.8％阿维菌素乳油 5 000～8 000 倍液喷雾防治。

（2）防治二斑叶螨，在该螨发生初期用 1.8％阿维菌素乳油 4 000～6 000 倍液喷雾防治。

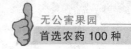

（3）防治金纹细蛾，在金纹细蛾发生初期用 1.8% 阿维菌素乳油 3 000～4 000 倍液喷雾防治。

（4）防治梨木虱，在梨木虱发生初期用 1.8% 阿维菌素乳油 4 000～5 000 倍液喷雾防治。

（5）防治桃蛀果蛾，在桃蛀果蛾发生初期用 1.8% 阿维菌素乳油 2 000～4 000 倍液喷雾防治。

（6）防治棉铃虫，在棉铃虫发生初期用 1.8% 阿维菌素乳油 1 000～2 000 倍液喷雾防治。

［注意事项］

（1）该药剂无内吸性。

（2）喷药时应注意喷洒均匀。

（3）不能与碱性农药混用。

（4）夏季中午时间不要喷药，以避免强光、高温对药剂的不利影响。

二、苏云金杆菌

［通用名称及其他名称］通称苏云金杆菌，简称 Bt，又称杀虫菌 1 号、敌宝、益万农、菌杀敌、快来顺等。

［英文通用名称］*Bacillus thuringiensis*。

［作用特点］苏云金杆菌是包括许多变种的一类产晶体的芽孢杆菌，是一种好气性细菌性杀虫剂，它能产生内、外两种毒素，其内毒素即伴孢晶体是主要的毒素；该药主要是胃毒作用，害虫吞食后进入消化道产生败血症而死亡；苏云金杆菌对人、畜无害，无残毒，对作物无药害，具有不污染环境，不杀伤天敌，害虫不产生抗药性等优点。我国生产的 Bt 乳剂中大多加入 0.1%～0.2% 拟除虫菊酯类杀虫剂，可加快害虫死亡速度，并能增强防效。

［制剂类型］Bt 乳剂（含 100 亿个活芽孢/毫升）、Bt 可湿性粉剂（含 100 亿个活芽孢/克）、Bt 乳油。

［防治对象］主要用于防治桃小食心虫、苹果巢蛾、棉铃虫、

刺蛾等多种果树鳞翅目害虫。

[使用方法]

（1）同时防治桃小食心虫、苹果巢蛾、棉铃虫、刺蛾等害虫，在低龄幼虫期，用苏云金杆菌可湿性粉剂 500～1 000 倍液均匀喷雾。

（2）防治桃小食心虫，于桃小食心虫卵果率达 0.5%～1%时（7 月上旬）或在初孵幼虫蛀果前，用 Bt 乳油 300～600 倍液喷施，以杀死初孵幼虫。

（3）防治棉铃虫，在棉铃虫幼虫三龄前喷施 Bt 乳油 100～200 倍液。

（4）防治柑橘上的刺蛾，可在 5～7 月幼虫发生期，喷布 Bt 乳油 800～1 000 倍液，并可兼治柑橘潜叶蛾。

[注意事项]

（1）Bt 乳剂或苏云金杆菌可湿性粉剂杀虫速度缓慢，用药时间应比化学农药提前 2～3 天，对害虫的低龄幼虫效果好，气温 30℃以上，使用效果最好。

（2）不能和内吸性杀虫剂或杀菌剂混用，但可和低浓度菊酯类农药混用，以提高防效。

（3）在菌液中加入 0.1%洗衣粉，能增加其黏着力。

（4）本药对蚜虫、螨类等刺吸式口器害虫无效。

（5）药液要现配现用，以免失效。

（6）对蚕的毒力较强，周围有桑园、柞树的果园要慎用。

（7）本品应保存在低于 25℃的干燥仓库中，防止暴晒和潮湿，以免变质。

三、吡蚜酮

[通用名称及其他名称] 通称吡蚜酮，又名吡嗪酮。

[英文通用名称] pymetrozine。

[作用特点] 吡蚜酮是新型的杂环类高效选择性杀虫剂，对刺吸式口器昆虫有效。具有很强的内吸性，能很好地被植物吸收，通

过内吸传导作用分布到植株各个部位。具有独特的作用方式，对害虫没有直接击倒作用，昆虫一旦接触到该药剂，就能马上堵塞昆虫口针，使其停止取食，并且这一过程是不可逆的。对哺乳动物、鸟类、鱼虾、蜜蜂、非靶标节肢动物等安全性好。吡蚜酮对对有机磷和氨基甲酸酯类杀虫剂已产生抗性的害虫，特别是蚜虫、白粉虱、黑尾叶蝉仍有独特的防治效果，可用于多种抗性品系害虫的防治。因选择性高、对哺乳动物低毒，对鸟类、鱼类、非靶标节肢动物安全，在综合防治中发展前景良好。另外，吡蚜酮及其主要代谢产物在土壤中的淋溶性很低，仅存在于表层土，在推荐施用剂量下对地下水的污染可能性很小。

[制剂类型] 吡蚜酮25％可湿性粉剂、吡蚜酮25％水悬浮剂等。

[防治对象] 吡蚜酮适用于落叶果树、柑橘等，防治半翅目害虫，尤其是蚜虫科、粉虱科、叶蝉科及飞虱科害虫，持效期在20天以上。

[使用方法] 防治柑橘蚜虫、黑刺粉虱，苹果蚜虫、桃蚜、梨木虱等用25％吡蚜酮可湿性粉剂2 000～3 000倍液喷雾。

[注意事项]

（1）适宜施药时期为低龄若虫高峰期。

（2）本品应现配现用，喷雾时要均匀周到。

（3）配药时，采用二次稀释法。

四、白僵菌

[通用名称] 通称白僵菌。

[英文通用名称] *Beauveria*。

[作用特点] 白僵菌是一种真菌性杀虫剂，其孢子接触害虫后产生芽管，通过皮肤侵入其体内长成菌丝，并不断繁殖，使害虫新陈代谢紊乱而死亡。白僵菌需要有适宜的温湿度（24～28℃，相对湿度90％左右，土壤含水量5％以上）才能使害虫致病。该制剂对人、畜无毒，对果树安全，但对蚕有害。害虫感染白僵菌死亡的速度缓慢，经过4～6天后才死亡。虫尸僵硬后虫体表面长满白色菌

丝及白色粉状孢子，可随风传播扩散，又能在死虫体内再繁殖，继续侵染害虫。白僵菌与低剂量化学农药（25％对硫磷微胶囊，48％乐斯本等）混用有明显的增效作用。

[制剂类型] 白僵菌粉剂（普通粉剂含 100 亿个孢子/克，高孢粉剂含 1 000 亿个孢子/克）。

[防治对象] 桃蛀果蛾、桃小食心虫、刺蛾、卷叶蛾、荔蝽等。

[使用方法]

（1）防治桃蛀果蛾，可于越冬代幼虫出土始盛期和盛期，每667 米^2 用白僵菌粉剂（每克含 100 亿孢子）2 千克加 48％乐斯本乳油 0.15 千克，对水 75 千克，在树盘周围地面喷洒，喷后覆草，其幼虫僵死率达 85.6％，并能有效地压低下代虫源。

（2）防治桃小食心虫，在桃小食心虫越冬幼虫出土始期及盛期各 1 次，每次 2 千克，菌粉加 25％对硫磷微胶囊 0.15 千克，对水150～200 千克，在树干周围地面喷施。

（3）防治上述害虫，也可将发病死亡的虫体采回，放在白僵菌尚未扩散到的果园地面上，让孢子随风传播，扩大防治面积，也可将采回带菌的死虫研碎成菌液，进行喷施，以扩大传染面积。

（4）防治柑橘卷叶蛾，于 4～6 月间低龄幼虫发生初期和卵的盛孵期，树冠和地面喷布 50 亿个孢子/克白僵菌 300 倍液，有效控制当代幼虫和下代幼虫的为害。

（5）防治荔蝽，于 4～6 月荔枝、龙眼园荔蝽成、若虫发生时，树冠和地面喷布 50 亿个孢子/克白僵菌 300 倍液。

[注意事项]

（1）使用时要随配随用，配好的菌液要在 2 小时内喷完，以免孢子过早萌发，失去致病菌能力。

（2）可和杀虫剂混用，或加入少量洗衣粉提高药效，但不能和杀菌剂混用。

（3）在养蚕区周围的果园不宜使用。

（4）菌剂应放在阴凉干燥处贮存，以免受潮失效。

（5）菌粉配制液剂时，加入少量洗衣粉，容易湿润菌粉和加水

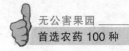
稀释。

（6）白僵菌对人的皮肤有过敏反应，有时会出现皮肤刺痒、嗓子干、痰多等现象，使用时应注意防护。

五、苦参碱

［通用名称及其他名称］通称苦参碱，又名绿宝清、百草一号、绿宝灵、绿丫丹等。

［英文通用名称］matrine。

［作用特点］苦参碱是由中草药植物苦参的根、茎、叶、果实经乙醇等有机溶剂制成的，是生物碱，一般为苦参总碱，其成分主要是苦参碱、氧化苦参碱、槐果碱、氧化槐果碱、槐定碱等多种生物碱，以苦参碱、氧化苦参碱的含量最高，纯品为白色粉末。本药剂属植物神经毒剂，害虫接触药剂后可使神经麻痹，蛋白质凝固堵塞气孔窒息而死。苦参碱是天然植物性农药，对人、畜低毒，具触杀和胃毒作用，属广谱性植物杀虫剂。

［制剂类型］苦参碱 0.2%、0.3% 水剂，苦参碱 1% 溶液，苦参碱 1.1% 粉剂。

［防治对象］山楂叶螨、绣线菊蚜。

［使用方法］

（1）防治山楂叶螨，在果树开花后，越冬卵开始孵化至孵化结束期间，用 0.3% 苦参碱水剂 150～450 倍液喷雾，以整株树叶喷施为宜。

（2）防治果树上的绣线菊蚜，在害虫发生盛期，用 0.2% 苦参碱水剂或 0.3% 苦参碱水剂 200～300 倍液喷雾，以整株树叶喷施为宜。

［注意事项］

（1）本品无内吸性，喷药时注意喷洒均匀周到。

（2）不能与碱性农药混用。

（3）本品速效性差，应搞好虫情预测预报，在害虫低龄期施药防治。

六、茚虫威

[通用名称及其他名称] 通称茚虫威，又称杜邦安打。

[英文通用名称] Avatar。

[作用特点] 茚虫威是一种广谱性、低毒、低残留杀虫剂，通过阻止钠离子流进入神经细胞，干扰钠离子通道从而引致害虫麻痹而死亡；药剂进入害虫体内的途径主要是通过害虫的取食作用，其次由害虫的体壁也可渗透至体内。杜邦安打以胃毒作用为主，兼有触杀效果；该药与其他杀虫剂不存在交互抗性，对各种抗性害虫都有很好的防效，适合应用于害虫的抗性治理。茚虫威对各个龄期幼虫的致死浓度差异小，用药后害虫在 0～4 小时内停止取食，且不可恢复，在 1～2 天内死亡，持效期可达 7～14 天；该药具有耐紫外光、耐高温、耐雨水冲刷的特性，在水中的溶解度低，不易被雨水冲刷，能抵抗得住中等强度的降雨。茚虫威对人、哺乳动物和鸟类的毒性很低，对捕食性和寄生性天敌影响很小，对空气、土壤、水环境安全，属"低风险"农药。

[制剂类型] 茚虫威 15%悬浮剂。

[防治对象] 茚虫威在果园中主要用于防治棉铃虫等鳞翅目害虫，此外，对部分刺吸式口器害虫亦有良好的防效。

[使用方法] 用茚虫威防治果树上的棉铃虫等害虫，可在害虫发生期喷布 15%茚虫威悬浮剂 3 500～4 500 倍液。喷药时先配母液，搅拌均匀后稀释，要求喷洒均匀；为防止抗性产生，每年用药不超过 3 次。

[注意事项]

（1）该药混用性能好，可与多种杀菌剂、杀虫剂、杀螨剂和叶面肥混用。

（2）喷药时应做好防护，避免直接接触药液后吸入雾滴。

（3）喷药时远离水源和禽、兽区。

（4）喷药后，药械和衣服要及时洗净，空药袋要及时深埋。

（5）药品贮存于干燥阴暗和儿童接触不到的地方，并要与饲

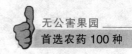
料、粮食隔离。

七、机油乳剂

[通用名称及其他名称] 通称机油乳剂，又名蚧螨灵。

[作用特点] 机油乳剂是由 95％机油和 5％乳化油加工制成的。机油不溶于水，加入乳化剂后，使油全部分散在乳化剂中，成为棕黄色乳油，可直接加水使用。对害虫主要是触杀作用，机油乳剂喷至虫体或卵壳表面后，形成一层油膜，封闭气孔，使害虫窒息死亡；同时，机油中还含有部分不饱和烃类化合物，极易在害虫体内生成酸类物质，使虫体中毒死亡。该药性能稳定，不易产生药害，无公害，无残毒，对天敌安全，对害虫不会产生抗性。

[制剂类型] 95％机油乳剂、95％蚧螨灵乳油。

[防治对象] ①山楂叶螨、苹果全爪螨等螨类。②苹果瘤蚜、绣线菊蚜、桃蚜、梨二叉蚜等蚜虫类。③梨圆蚧、桑白盾蚧、日本龟蜡蚧等蚧类。④梨木虱、枣壁虱等。

[使用方法]

（1）防治山楂叶螨越冬雌成螨、苹果全爪螨越冬卵和已孵化的若螨、苹果瘤蚜和绣线菊蚜的越冬卵和初孵若虫以及梨二叉蚜越冬卵和初孵若虫、梨木虱越冬代成虫和卵、梨圆蚧等，在苹果萌芽期和梨树花芽膨大期，用 95％机油乳剂 80～100 倍液喷雾。

（2）防治桃蚜越冬卵和初孵若虫以及桑白盾蚧若虫，于桃芽萌动后，用 95％机油乳剂 100～150 倍液喷雾。

（3）防治苹果全爪螨成虫，可在苹果落花后，用 95％机油乳剂 200 倍喷雾。

（4）防治柑橘全爪螨，可在 6～8 月，用 95％机油乳剂 200 倍液喷雾。

（5）防治枣壁虱、日本龟蜡蚧，于 7 月上旬，用 95％机油乳剂 50 倍液喷雾。

（6）防治枣尺蠖，于 7 月上旬，用机油乳剂 100～300 倍液喷雾。

［注意事项］

（1）夏季使用机油乳剂，有的树种或品种会发生药害，应先做试验。

（2）不同厂家生产的机油乳剂质量不一，质量差的产品施用后会出现落叶，影响花芽分化，导致畸形花等药害，污染皮肤产生不适感，因此要选择无浮油、无沉淀、无浑浊的产品。

（3）机油乳剂可以和有机磷、拟除虫菊酯和草甘膦等杀虫、除草剂混用，效果更佳。

八、氟虫脲

［通用名称及其他名称］通称氟虫脲，又称 WL_{115110}、卡死克。

［英文通用名称］flufenoxuron。

［作用特点］卡死克是一种酰基脲类昆虫生长调节剂，属高效、低毒药剂。对害虫和螨类具有触杀和胃毒作用，主要抑制害虫和螨类表皮几丁质的合成，使其不能正常蜕皮和变态而死亡；该药剂不杀卵，对成螨亦无直接杀伤作用，但可使其寿命缩短，产卵量减少或卵不孵化，孵化出的幼螨也会很快死亡，是目前酰基脲类杀虫剂中杀螨效果最好的一种。药效缓慢，施药后 2～3 小时害虫、害螨可停止取食，3～5 天达到高峰，10 天左右才能看出明显效果，对人、畜低毒，对叶螨的天敌安全，对多种果树害虫也有较好的防治效果，是较为理想的选择性杀虫、杀螨剂。

［制剂类型］卡死克5％乳油、卡死克5％可湿性粉剂。

［防治对象］卡死克可用来防治果树上的多种害螨和害虫，特别对抗性害螨（虫）有较好的防效。

（1）苹果树：山楂叶螨、苹果全爪螨，兼治潜叶蛾类、卷叶虫。

（2）桃树：桃蛀果蛾、桃小食心虫。

（3）柑橘树：柑橘锈壁虱、柑橘叶螨、柑橘潜叶蛾。

［使用方法］

（1）防治苹果山楂叶螨和苹果全爪螨，在苹果开花前后的山楂

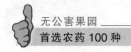
叶螨和苹果全爪螨幼、若螨集中发生期，用5％卡死克乳油1 000～1 500倍液喷雾，效果较好，药效期较长，并可兼治越冬的棉褐带卷蛾和金纹细蛾以及卷叶虫；夏季喷用该药防治，一般用卡死克5％乳油500～1 000倍液喷雾。

（2）防治桃小食心虫和桃蛀果蛾，宜在卵果率0.5％～1％时，用5％卡死克乳油1 000～2 000倍液喷雾，全期喷药3次。

（3）防治柑橘锈壁虱和叶螨，在卵始孵盛期喷卡死克5％乳油700～1 000倍液；防治柑橘潜叶蛾，在柑橘潜叶蛾成虫盛发期内放梢的，当梢长1～3厘米，新叶被害率约10％时开始施药，以后仍处于危险期的，每隔5～8天再施药一次，一般一个梢期施药2～3次，用卡死克5％乳油1 500～2 000倍液均匀喷雾。

[注意事项]

（1）不能与碱性农药混用，和波尔多液的间隔喷药时间为10天左右；反之，用过波尔多液后，要间隔更长时间才能使用卡死克。

（2）防治螨类应在幼、成螨盛发期施药。

（3）苹果和柑橘在收获前70天和50天停止用药。

（4）对脊椎水生生物高毒，不可污染水域。

（5）作用较慢，需比有机磷和菊酯类药剂提前3天左右喷施。

（6）若误食，应立即请医生诊治，并做洗胃治疗。

九、灭幼脲

[通用名称及其他名称] 通称灭幼脲，又称灭幼脲3号、扑蛾丹、蛾杀灵、劲杀幼等。

[英文通用名称] chlorbenzuron。

[作用特点] 灭幼脲是一种昆虫生长调节剂，属苯甲酰基类特异性杀虫剂。害虫取食或接触药剂后，抑制表皮几丁质的合成，使幼虫不能正常蜕皮而死亡。主要是胃毒作用，也有一定的触杀作用，但无内吸性。对鳞翅目和双翅目幼虫有特效，不杀成虫，但能使成虫不育，卵不能正常孵化。毒性低，对人、畜和植物安全，对

天敌杀伤小，残效期长达 15～20 天，耐雨水冲刷，田间降解速度较慢，适于综合防治，药效较慢，2～3 天后才能显示杀虫作用，需在害虫发生早期使用。该药品常温下稳定，遇碱和强酸易分解，不溶于水，能溶于丙酮等有机溶剂。

［制剂类型］灭幼脲 25％、50％胶悬剂。

［防治对象］灭幼脲对鳞翅目害虫有特效。灭幼脲还可用于防治金纹细蛾、刺蛾、舞毒蛾、桃蛀果蛾、枣尺蠖、天幕毛虫、舟形毛虫等。

［使用方法］

（1）防治金纹细蛾、刺蛾、舞毒蛾等害虫，在这些害虫的低龄幼虫期，用 25％灭幼脲 3 号胶悬剂 1 500～2 000 倍液喷雾。

（2）防治桃蛀果蛾，在成虫产卵初期，幼虫蛀果前，或始见被害叶片时，用灭幼脲 25％胶悬剂 1 000 倍液喷雾。

（3）防治枣尺蠖、天幕毛虫等，于幼虫三龄前，用灭幼脲 25％胶悬剂 1 000～2 000 倍液喷雾。

（4）防治桃小食心虫，在成虫产卵初期，幼虫蛀果前，喷布灭幼脲 25％胶悬剂 500 倍液。

（5）防治柑橘木虱，在春、夏、秋各次新梢抽生季节，喷布灭幼脲 25％胶悬剂 2 000 倍液，防治以若虫为主的柑橘木虱。

［注意事项］

（1）本药剂为胶悬剂，有沉淀现象，使用时一定要摇匀后再对水稀释。

（2）不能与碱性农药混用，避免减效。

（3）该药药效缓慢，应在初龄幼虫期使用。

（4）该药对作物无内吸作用，喷药要周到均匀。

（5）不要在桑园及其附近使用。

（6）施药 3～4 天才显出药效，不要施药后未立即见效又重喷药，避免浪费。

（7）贮存在密闭阴凉处。

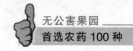

十、敌死虫

[通用名称] 通称敌死虫。

[英文通用名称] D-ctron。

[作用特点] 加德士敌死虫属矿物源杀虫剂，是用高烷类、低芳香族基础油加工而成的矿物油乳剂，内含芳香族和不饱和烃类杂质极少，不易发生药害，一年四季皆可使用。本品系为矿物油乳剂，喷洒后可在虫体上形成一层油膜，封闭气孔，使害虫窒息死亡。它还能封闭害虫的触角、口器等感触器，使其难以寻找寄主植物和产卵场所，从而减少其为害和产卵。该药剂对果树病害的病原菌也有窒息作用，可抑制病菌孢子萌发，减轻病害发生。本品属低毒类农药，对人、畜低毒，对蜜蜂、鸟类和植物都较安全，对天敌杀伤力小，害虫不易产生抗性。

[制剂类型] 敌死虫99.1％乳油。

[防治对象] 敌死虫可用来防治苹果、柑橘等果树上的山楂叶螨、苹果全爪螨、二斑叶螨、柑橘锈螨、瘤蚜、红叶螨、苹果绵蚜、绣线菊蚜、梨圆蚧、日本龟蜡蚧、球坚蚧、吹绵蚧、红圆蚧、金纹细蛾、柑橘潜叶蛾、梨木虱、柑橘木虱、粉虱等。

[使用方法] 施用浓度一般用200倍液，若苹果绵蚜、绣线菊蚜等蚜虫虫口密度较大时，可用100～150倍液。喷药时间应在害虫发生初期开始喷药，隔7～10天再喷1次，随后可间隔25～30天喷1次药；亦可在早春苹果等果树花芽萌动前喷洒200倍液，用来防治绣线菊蚜、苹果瘤蚜的越冬卵和初孵若虫。另外，该药剂200倍液可用来防治白粉病、叶斑病、煤污病、灰霉病等果树病害。

施用方法：先在容器内加入一定量的水，再往水中加入规定用量的敌死虫，再加足水量。如与其他农药混用，应先将其他农药和水混匀后再倒入敌死虫，不可颠倒。为防止出现药水分离现象，应不断搅拌。

[注意事项]

（1）本品可与大多数杀虫剂、杀菌剂混用，能减少药液蒸发，提高药的附着能力和保护易受紫外线影响的杀虫剂品种，因而有一定的增效作用。可与阿维菌素、Bt、吡虫啉、敌灭灵、万灵、可杀得、琥珀肥酸铜等药剂混用；但本品不可与含硫药剂、波尔多液、克螨特、灭螨灵、灭菌丹、百菌清、敌菌灵等农药混用。同时还应注意，果树上喷过以上药剂14天内不能再喷敌死虫，否则会发生药害。

（2）本品无内吸性，喷药应均匀周到，叶片、枝条上部要喷湿，不可漏喷。当气温超过35℃、刮大风、土壤干旱或树木上有露水时均不要喷洒。

（3）药品要存放在阴凉、干燥、避光处，瓶盖要密封，防止水分进入。

（4）若贮存时间较长，使用前要充分摇匀。

十一、辛硫磷

[通用名称及其他名称] 通称辛硫磷，又称倍腈松、肟硫磷。

[英文通用名称] phoxim。

[作用特点] 辛硫磷是一种广谱、低毒、低残留的有机磷杀虫剂。杀虫谱广，速效性好，残效期短，遇光易分解。对鳞翅目害虫的大龄幼虫和土壤害虫效果较好，并能杀死虫卵和叶螨。对人、畜毒性低，对鱼类、蜜蜂和天敌高毒。对害虫以触杀和胃毒作用为主，无内吸性，但有一定的熏蒸作用和渗透性。它能抑制害虫胆碱酯的活性，使其中毒死亡。在田间使用，因对光不稳定，很快分解失效，在叶面喷雾残效期仅有3～5天，但在土壤中可达1～2个月，以后被土壤微生物分解，无残留。难溶于水，易溶于醇、酮类；在酸性和中性介质中稳定，在碱性介质中及高温下易分解。

[制剂类型] 辛硫磷50％乳油、辛硫磷25％微胶囊水悬剂、辛硫磷3％和5％颗粒剂。

[防治对象] ①桃小食心虫等食心虫类。②卷叶蛾、潜叶蛾、刺蛾、桃蛀果蛾等蛾类。③蚜虫、卷叶虫、梨星毛虫、尺蠖等食叶

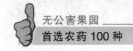
害虫。④蛴螬、地老虎等地下害虫。

[使用方法]

(1)防治桃小食心虫，在桃小食心虫越冬幼虫出土期，用50％乳油每667米^{2}0.5千克或25％辛硫磷微胶囊水悬剂每667米^{2}0.5～0.6千克，对水150千克，喷药前先清除地面杂草、枯枝落叶等杂物，地面喷洒后浅锄。

(2)防治卷叶蛾、潜叶蛾、刺蛾等，在害虫发生初期，用50％乳油1 000～1 500倍液喷雾。

(3)防治桃蛀果蛾，在桃蛀果蛾越冬幼虫出土始盛期和盛期，用25％微胶囊水悬剂200～300倍液，在树盘下地面均匀喷洒，随后浅锄。

(4)防治蚜虫、卷叶虫、梨星毛虫和尺蠖等，可在害虫为害期，喷50％乳油1 000～1 500倍液。

(5)防治蛴螬、地老虎等地下害虫，尤其是果树苗期，开沟浇施50％乳油1 000倍液，浇药后盖土。

[注意事项]

(1)遇光极易分解失效，应避免在中午强光下喷药，在傍晚或阴天喷药较好。

(2)不能与碱性农药混用，药液随配随用，配好的药液不要超过4小时后施用，以免影响药效。

(3)大豆、玉米、高粱、瓜类以及十字花科蔬菜对辛硫磷敏感，如果园内及周围有这些作物要慎用。

(4)收获前15天禁用。

(5)贮存于阴凉避光处。

十二、吡虫啉

[通用名称及其他名称]通称吡虫啉，又名海正吡虫啉、一遍净、蚜虱净、大功臣、康复多等。

[英文通用名称]imidacloprid。

[作用特点]吡虫啉是新一代氯代尼古丁杀虫剂，具有广谱、

高效、低毒、低残留、害虫不易产生抗性、对人畜低毒、对植物和天敌安全等特点，并有触杀、胃毒和内吸多重作用。主要用于防治刺吸式口器害虫，害虫接触药剂后，中枢神经正常传导受阻，使其麻痹死亡。速效性好，药后1天即有较高的防效，残留期长达25天左右。药效和温度呈正相关，温度高，杀虫效果好。

[制剂类型] 吡虫啉2.5％、10％可湿性粉剂，吡虫啉5％乳油，吡虫啉20％可溶性粉剂。

[防治对象] 吡虫啉主要用于防治刺吸式口器害虫，如绣线菊蚜、苹果瘤蚜、桃蚜、梨木虱、卷叶蛾等害虫。

[使用方法]

（1）防治果树蚜虫类，在害虫发生初期，虫口上升时，用吡虫啉10％可湿性粉剂2 500～5 000倍液喷雾。

（2）防治梨木虱，在春季越冬成虫出蛰而又未大量产卵和第一代若虫孵化期，用吡虫啉10％可湿性粉剂4 000～6 000倍液喷雾。

（3）防治卷叶蛾等害虫，在害虫发生盛期，用10％吡虫啉可湿性粉剂4 000～6 000倍液喷雾，或用吡虫啉5％乳油2 000～3 000倍液喷雾。

[注意事项]

（1）不能与碱性农药混用。

（2）果品采收前15天停用。

（3）不宜在强光下喷雾使用，以免降低药效。

（4）药品存放于阴凉干燥处。

十三、马拉硫磷

[通用名称及其他名称] 通称马拉硫磷，又称马拉松、防虫磷、马拉赛昂等。

[英文通用名称] malathion。

[作用特点] 马拉硫磷是一种高效、低毒、广谱有机磷类杀虫剂。具有触杀和胃毒作用，也有一定的熏蒸和渗透作用，对害虫击倒力强，但其药效受温度影响较大，高温时效果好。对人、畜低毒，对

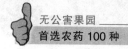

作物安全，对鱼类有中毒，对天敌和蜜蜂高毒，残效期短。具浓厚蒜味，微溶于水，可与多种有机溶剂混溶，遇酸性或碱性物质易分解失效，对铁有腐蚀性。

[制剂类型] 马拉硫磷 50％乳油、优质马拉硫磷 70％乳油（防虫磷）。

[防治对象] 防治苹果、梨、桃、柑橘、香蕉、荔枝树上的蚜虫、叶螨、叶蝉、木虱、刺蛾、卷叶蛾、食心虫、介壳虫、毛虫等害虫，对叶蝉有特效。

[使用方法]

（1）防治绣线菊蚜、食心虫，在害虫发生期用 50％乳油 1 000 倍液喷雾。

（2）防治各种刺蛾、毛虫、介壳虫等，在害虫发生期用 50％乳油 1 200～1 500 倍液喷雾。

（3）防治其他害虫，喷 50％乳油 1 000 倍液。

[注意事项]

（1）不能与碱性农药混用，不要用金属容器盛装。

（2）对蜜蜂有毒，应避开花期使用。

（3）本品易燃，在使用、运输和贮存过程中严禁烟火。

（4）马拉硫磷持效期短，施药时务必使药液接触虫体，以充分发挥药效。

（5）使用浓度高时，对梨、葡萄、樱桃等的一些品种易发生药害，应慎用。

（6）瓜类和番茄幼苗对该药敏感，果园内间作这些蔬菜时慎用。

（7）采果前 10 天停止使用。

十四、氰戊菊酯

[通用名称及其他名称] 通称氰戊菊酯，又称速灭杀丁、速克死、中西杀灭菊酯、敌虫菊酯、速灭菊酯。

[英文通用名称] fenvalerate。

[作用特点] 氰戊菊酯属拟除虫菊酯类杀虫剂，对害虫主要有触杀和胃毒作用，无内吸和熏蒸作用，有一定的驱避作用和杀卵作用，对害虫击倒力强，使其运动神经失调、痉挛，至麻痹而死亡。效果迅速，持效期长，可达10～15天。对人、畜低毒，对家禽毒性小，对蚕、蜜蜂、鱼类和天敌毒性大。该药品的药效有负温度效应，即低温下使用比高温效果好，可与多种有机磷和氨基甲酸酯类农药混用，并有增效作用。在酸性介质中较稳定，在碱性介质中不稳定，耐光性强。

[制剂类型] 氰戊菊酯20%乳油。

[防治对象] 氰戊菊酯杀虫谱比较广，对果树上的鳞翅目害虫有特效，对双翅目、半翅目、直翅目害虫也有较好的效果，但不杀螨，对部分介壳虫的效果也较差。主要防治对象有：①桃小食心虫、梨小食心虫，梨大食心虫等食心虫类。②桃蛀果蛾、卷叶蛾、刺蛾等蛾类。③桃蛀螟、蚜虫等。④柑橘潜叶蛾、介壳虫。

[使用方法]

（1）防治桃小食心虫，于初孵幼虫蛀果前，可用桃小性诱捕器或田间检查卵果率指导适期防治，前者每667米^{2}放置3个诱捕器，当每个诱捕器平均诱桃小食心虫3～5头时；或是在田间调查果实上着卵量，当卵果率达到0.5%～1.0%时，即是喷药的最好时机，可喷氰戊菊酯20%乳油2 000～3 000倍液。

（2）防治梨小食心虫的越冬代及第一代时，宜在新梢长到1～3厘米时开始防治，常用剂量为20%乳油3 000～4 000倍液。

（3）防治桃蛀螟，一般于6月上旬，当卵果率达到1%时，用20%乳油2 000～4 000倍液喷雾。

（4）防治梨大食心虫，一般在花芽膨大即将开绽时（3月下旬至4月上旬），用20%乳油2 000～3 000倍液喷雾。

（5）防治蛾类及蚜虫类，于虫害初期，用20%乳油2 500～3 000倍液喷雾。

（6）防治柑橘潜叶蛾，在各季新梢抽梢初期施药，用20%乳油5 000～10 000倍液喷雾，隔7～10天再喷一次；防治柑橘介壳

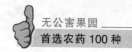

虫，在发生期施药，用20％乳油4 000～5 000倍液喷雾。

［注意事项］

（1）不能与石硫合剂、波尔多液等碱性农药混用，以免降低药效。

（2）该药主要是触杀作用，喷药要均匀周到，接触虫体方能杀死害虫，因对螨类无效，且对天敌杀伤重，连续使用可引起害螨猖獗，故可与杀螨剂混用。

（3）避免连续使用，以免产生抗药性，最好一年不超过1次，可与有机磷农药轮换、交替使用。

（4）避免药剂对鱼塘、桑园和养蜂场所的污染。

（5）采收前14天禁用。

十五、氯虫苯甲酰胺

［通用名称及其他名称］通称氯虫苯甲酰胺，又名康宽、奥得腾、普尊、氯虫酰胺等。

［英文通用名称］chloantraniliprole。

［作用特点］氯虫苯甲酰胺属邻甲酰氨基苯甲酰胺类杀虫剂。氯虫苯甲酰胺主要是激活兰尼碱受体，释放平滑肌和横纹肌细胞内贮存的钙离子，引起昆虫肌肉调节衰弱、麻痹，最后导致害虫死亡。是卓越高效广谱的鳞翅目、主要甲虫和粉虱杀虫剂，在低剂量下就有可靠和稳定的防效，使害虫立即停止取食，药效期长，防雨水冲洗，在作物生长的任何时期提供即刻和长久的保护，持效期可达15天以上。对哺乳动物低毒，对施药人员很安全。对有益动物如鸟、鱼和蜜蜂低毒，非常适合害虫综合治理。对消费者安全，符合最高残留限量标准。

［制剂类型］氯虫苯甲酰胺20％、5％悬浮剂，氯虫苯甲酰胺35％水分散粒剂，氯虫苯甲酰胺0.4％颗粒剂。

［防治对象］苹果桃小食心虫、金纹细蛾等。

［使用方法］防治苹果桃小食心虫、金纹细蛾，在卵孵化盛期，用35％氯虫苯甲酰胺水分散粒剂5 000～8 000倍液喷雾。

[注意事项]

(1) 由于该农药具有较强的渗透性，药剂能穿过茎部表皮细胞层进入木质部，从而沿木质部传导至未施药的其他部位。因此在田间作业中，用弥雾或细喷雾喷雾效果更好。但当气温高、田间蒸发量大时，应选择早上 10 时以前，下午 4 时以后用药。

(2) 该药对家蚕高毒，要注意养蚕区域的安全用药。

(3) 为避免该农药抗药性的产生，一季作物或一种害虫宜使用 2～3 次，每次间隔时间在 15 天以上。

十六、高效氯氟氰菊酯

[通用名称及其他名称] 通称高效氯氟氰菊酯，又称功夫、神功、功力、天功、绿青丹。

[英文通用名称] lambda-cyhalothrin。

[作用特点] 高效氯氟氰菊酯是一种高效拟除虫菊酯类广谱性杀虫剂，具触杀、胃毒作用，无内吸作用，该药剂杀虫活性高，药效迅速，具有强烈的渗透作用，耐雨水冲刷，速效并有较长的持效期，既能杀灭鳞翅目幼虫，对蚜虫、叶螨也有较好的防效。与其他拟除虫菊酯类杀虫剂相比，杀虫谱更广、活性更高、药效更为迅速，并且能杀死那些对常规农药如有机磷产生抗性的害虫，害虫对该药产生抗性缓慢；该药对人、畜及有益生物毒性低。

[制剂类型] 高效氯氟氰菊酯 2.5% 乳油。

[防治对象] ①桃小食心虫、梨小食心虫等食心虫类。②桃蛀果蛾、苹果蠹蛾、金纹细蛾等蛾类。③各种蚜虫。④柑橘潜叶蛾、介壳虫等。

[使用方法]

(1) 防治桃小食心虫，卵果率达 0.5%～1% 时，初孵幼虫蛀果前，用 2.5% 乳油 2 000～3 000 倍液喷雾。

(2) 防治蚜虫、卷叶虫、尺蠖、潜叶蛾等害虫，在害虫盛发期，用 2.5% 乳油 3 000～4 000 倍液喷雾。

(3) 防治柑橘潜叶蛾，在新梢初放期或卵盛期施药，用 2.5%

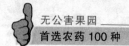
乳油3 000~4 000倍液喷雾；防治柑橘介壳虫，在若虫发生期施药，用2.5%乳油1 000~3 000倍液喷雾。

[注意事项]

（1）不能与碱性农药混用。

（2）因无内吸性，喷药要均匀周到。

（3）害虫易产生抗性，不宜连续使用，需和其他杀虫剂交替使用。

（4）对螨类虽有杀伤作用，但残效期短，且杀伤天敌，不宜作为专用杀螨剂使用。

（5）采果前14天停用。

（6）避免在鱼塘、蜂场和桑园附近果园施药。

十七、氟氯氰菊酯

[通用名称及其他名称] 通称氟氯氰菊酯，又名百树菊酯、百树得。

[英文通用名称] cyfluthrin。

[作用特点] 氟氯氰菊酯属拟除虫菊酯类低毒、低残留杀虫剂，该药杀虫活性较高，主要是触杀和胃毒作用，也有一定的渗透性，无内吸传导和熏蒸作用。该药杀虫谱广，作用迅速，持效期长，对人、畜低毒，对果树安全，对蜜蜂、蚕和果园天敌昆虫毒性高，高温对本药的毒力影响不大。

[制剂类型] 氟氯氰菊酯5.7%乳油。

[防治对象] 氟氯氰菊酯对害虫有很强的毒力，可防治鳞翅目、同翅目等多种害虫，如蚜虫、食心虫、卷叶虫、星毛虫等食叶及蛀果害虫，对其他杀虫剂产生抗性的害虫有较好的防治效果；同时对害螨有一定的抑制作用。因此，在一般情况下，使用氟氯氰菊酯后红蜘蛛不易很快猖獗发生，但不能在红蜘蛛大发生时控制其为害，必须用其他杀螨剂来防治。

[使用方法]

（1）防治桃小食心虫，在果园成虫产卵和幼虫蛀果期，卵果率达到 0.5%～1.0%时，用 5.7%乳油 2 000～3 000倍液喷雾，杀虫保果效果好，残效期 10 天左右，同时兼治卷叶虫、星毛虫等。

（2）防治桃蚜，在花后至初夏，桃蚜盛发期喷 5.7%乳油2 000～3 000倍液，根据虫情喷 1～2 次，可有效地控制桃蚜为害。

（3）防治苹果蠹蛾和毒蛾，在害虫发生初期喷布 5.7%乳油2 500～3 000倍液。

（4）防治粉虱、木虱和叶螨，在发生初期喷布 5.7%乳油2 500～3 000倍液。

（5）防治柑橘潜叶蛾，在夏、秋梢抽发初期，喷布 5.7%乳油2 000～3 000倍液，有效期 7 天。

［注意事项］

（1）本剂不能与波尔多液等碱性药剂混用。

（2）采果前 21 天停止喷药。

（3）对蚕和蜜蜂有毒，使用时要注意。

十八、溴灭菊酯

［通用名称及其他名称］通称溴灭菊酯，又名溴氰戊菊酯。

［英文通用名称］bromofenvalerate。

［作用特点］溴灭菊酯属拟除虫菊酯类杀虫剂。对害虫主要有触杀和胃毒作用，无内吸和熏蒸作用。对害虫击倒力强，使其运动神经失调、痉挛、麻痹而死亡。效果迅速，持效期长，可达 15 天左右。该药属微毒农药，对眼睛和皮肤均无刺激性，无致突变作用，对人、畜及鱼类低毒。

［制剂类型］溴灭菊酯 20%乳油。

［防治对象］溴灭菊酯可用于防治多种果树上的蚜虫、叶螨、瘿螨、木虱、刺蛾、卷蛾、食心虫、潜叶蛾等多种害虫和害螨，对作物安全。

［使用方法］

（1）防治桃蚜，在桃树谢花后，桃蚜盛发初期，喷布 20%乳油 3 000～5 000倍液；防治柑橘蚜虫，在柑橘嫩梢受害株率达 25%

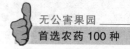

左右时，喷布2 000～4 000倍液。

（2）防治桃树大青叶蝉，在夏、秋季发生时喷布 20％乳油1 000～2 000倍液，效果好，且对叶蝉成虫有拒避作用。

（3）防治柑橘全爪螨、柑橘锈螨和苹果全爪螨、山楂叶螨时，喷布 20％乳油1 000～2 000倍液，有效期长达 30 天以上，效果好。

（4）防治柑橘潜叶蛾，在夏、秋新梢芽长到 3～5 毫米时，喷布 20％乳油1 500～2 500倍液，杀幼虫的效果好。

（5）防治卷叶蛾、刺蛾、袋蛾等，可在这些害虫发生盛期喷布20％乳油1 500～2 500倍液。

[注意事项]

（1）本剂不宜在同一果园或同一种害虫上多次施用，以免杀伤天敌和使害虫产生抗性。

（2）不能与石硫合剂、波尔多液等碱性农药混用，以免降低药效。

（3）该药主要是触杀作用，喷药要均匀周到，接触虫体方能杀死害虫，因对螨类无效，且对天敌杀伤重，连续使用可引起害螨猖獗，故可与杀螨剂混用。

（4）避免药剂对鱼塘、桑园和养蜂场所的污染。

（5）采收前 14 天禁用。

十九、乙酰甲胺磷

[通用名称及其他名称] 通称乙酰甲胺磷，又名杀虫灵、高灭灵、全效磷、多灭磷、酰胺磷等。

[英文通用名称] acephate。

[作用特点] 乙酰甲胺磷为内吸性有机磷杀虫剂，具有胃毒和触杀作用，并可杀卵，有一定的熏蒸作用，是缓效型杀虫剂；在施药后初效作用缓慢，2～3 天灭虫效果显著，后效作用强。属低毒杀虫剂，对人、畜低毒，对鱼类和水生动物低毒、安全，对家禽和鸟类低毒。该药抗雨水冲刷，残效期达 10～15 天。杀虫谱广，并有杀卵作用，杀虫机制是抑制胆碱酯酶活性，使害虫死亡。

[制剂类型] 乙酰甲胺磷30％、40％乳油，乙酰甲胺磷25％可湿性粉剂，乙酰甲胺磷5％粉剂。

[防治对象]

（1）苹果树、梨树：桃小食心虫、梨小食心虫、蚜虫、叶螨和蓑蛾、叶蝉、尺蠖、卷叶蛾等。

（2）柑橘树：矢尖蚧、黄圆蚧和红蜡蚧，叶螨和全爪螨。

（3）香蕉树：扁喙象。

（4）荔枝树：红带网纹蓟马、爻纹细蛾。

[使用方法]

（1）防治苹果、梨树虫害：苹果、梨等果树的桃小食心虫和梨小食心虫，在成虫产卵高峰期、卵果率达0.5％～1％时，喷布30％乳油800～1 000倍液；苹果、梨等果树的蚜虫、叶螨和蓑蛾、叶蝉、尺蠖、卷叶蛾等害虫，树冠喷布30％乳油1 000～1 500倍液。

（2）防治柑橘树虫害：柑橘矢尖蚧、黄圆蚧和红蜡蚧，在一龄幼蚧盛发期，喷布30％乳油300～500倍液，10～15天1次，连续2次；柑橘叶螨和全爪螨，在日平均气温20℃左右时，喷布30％乳油1 000～1 500倍液，兼治蚜虫、尺蠖、卷叶虫和蓑蛾等害虫。

（3）防治香蕉扁喙象，在4～5月和9～10月每667米² 用40％乳油200克，对水35升喷雾，防治效果达98％左右，可把成虫消灭在产卵前。

（4）防治荔枝红带网纹蓟马和爻纹细蛾，在虫害发生期，树冠喷布40％乳油1 000～1 500倍液。

[注意事项]

（1）不能与碱性农药混合使用；果实采收前7天停止使用。

（2）向日葵对乙酰甲胺磷敏感，果园内和周围有向日葵时，应慎用。

（3）本剂贮存后乳剂有结块现象，摇匀或浸于热水中溶解后再用。

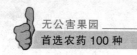
（4）乙酰甲胺磷易燃，在使用、运输和贮存中，应严禁烟火；在阴凉处贮存。

二十、敌百虫

[通用名称及其他名称] 通称敌百虫，又称虫快杀、荔虫净。

[英文通用名称] trichlorfon。

[作用特点] 敌百虫是一种毒性低、杀虫谱广的有机磷杀虫剂。对害虫有很强的胃毒作用，兼有触杀作用，对蝇类的胃毒作用比触杀作用大数十倍；对椿象类害虫具有特效，有良好的触杀作用。对植物具有渗透性，但无内吸传导作用，残效期3～5天。对人、畜毒性低，对鱼类和蜜蜂低毒，只要不在盛花期采蜜时施药，对蜜蜂基本无害；对寄生蜂和捕食螨毒性大，对瓢虫中等毒或低毒。该药在常温下稳定，但在高温下遇水分解，在碱性溶液中迅速转化为毒性更大的敌敌畏，但不稳定，很快分解失效。

[制剂类型] 敌百虫80％可湿性粉剂、敌百虫90％晶体、敌百虫50％乳油。

[防治对象] 敌百虫对吸取植物汁液的害虫和害螨，如蚜虫、叶螨等的效果很差；本药适于防治多种果树的咀嚼式口器害虫，特别对鳞翅目、双翅目、半翅目害虫表现出良好的防治效果。

[使用方法]

（1）防治苹果、梨等落叶果树上的各种食心虫、卷叶虫、尺蠖、刺蛾、巢蛾等害虫，在害虫发生期，用90％晶体敌百虫1 000倍液喷雾。

（2）防治柑橘上的稻管蓟马、花蓟马与茶黄蓟马等害虫，在柑橘花蕾期、花期及秋梢生长期，树冠喷布90％晶体敌百虫1 500倍液。

（3）防治柑橘粉虱、黑刺粉虱和多角绵蚧，于一、二龄若虫盛发期，树冠喷布90％晶体敌百虫500～1 000倍液；防治柑橘卷叶蛾、木蠹蛾、刺蛾和凤蝶幼虫，于卵孵化盛期和一、二龄幼虫发生期，喷布90％晶体敌百虫1 000～1 500倍液，若在药液中加入少量碳酸氢钠效果更好。

（4）防治香蕉弄蝶，可在一、二龄幼虫发生期喷布 90％晶体敌百虫1 000倍液；防治荔枝椿象，于3月上中旬越冬成虫开始为害活动和4月下旬至5月上旬一、二龄若虫发生时，喷布 90％晶体敌百虫800～1 000倍液；防治荔枝红带网纹蓟马，于冬季和早春虫源树喷布 90％晶体敌百虫 800 倍液防治若虫。

[注意事项]

（1）在苹果幼果期使用易引起落果，应慎用；元帅系品种生长前期，对敌百虫敏感，施用时要注意防止药害。

（2）对高粱、玉米、豆类和瓜类的幼苗易产生药害，因此在果园周围和果树行间种植这些作物时，应避免使用。

（3）果实采收前 20 天停止使用。

（4）长期单一施用本剂害虫易产生抗药性，最好和其他药剂混合施用和轮换施用。

（5）晶体敌百虫要密封保存，防止受热熔融及吸潮。

二十一、杀虫双

[通用名称及其他名称] 通称杀虫双，又称杀虫丹、虫无双、抗虫畏等。

[英文通用名称] bisultap。

[作用特点] 杀虫双是一种人工合成的沙蚕毒素类仿生性有机氮杀虫剂。对害虫具有较强的触杀和胃毒作用，并有一定的熏蒸作用，是一种神经毒剂；害虫中毒后不发生兴奋现象，行动缓慢迟钝，失去为害作物能力，而后虫体停止发育，瘫痪软化死亡，残效期 7～10 天。杀虫双能通过根和叶片吸收后传导到植物各部位，因此有很强的内吸性，通过根部吸收的能力比叶片要大得多；杀虫双高效、低毒、低残留，对人、畜低毒，对皮肤和黏膜无刺激性，无致突变、致癌、致畸作用，对水生生物的毒性很小，对家蚕剧毒。

[制剂类型] 杀虫双 25％、18％水剂，杀虫双 3.6％、5％颗

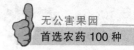
粒剂。

[防治对象] 杀虫双主要用于防治食心虫、蚜虫、蛾类、蝶类等果树上的鳞翅目、同翅目等害虫。

[使用方法]

(1) 防治桃小食心虫，当桃小食心虫卵果率达 1％时，用 25％水剂 500 倍液喷雾，杀卵、杀虫效果好，并可兼治其他食叶害虫。

(2) 防治山楂叶螨，在幼、若螨和成螨盛发期，喷布 25％水剂 800 倍液，同时兼治桃蚜等多种蚜虫和梨星毛虫幼虫等。

(3) 防治桃蛀螟，在 6 月上中旬，第一代桃蛀螟卵孵化盛期，用 25％水剂500～600 倍液喷雾，防治效果好，同时兼治桃蚜。

(4) 防治梨二叉蚜，在蚜虫发生期，用 25％水剂 500～600 倍液喷雾。

(5) 防治柑橘潜叶蛾，于柑橘夏、秋梢芽长 5 毫米和发梢率20％左右时，在新梢和树冠外围喷布 18％水剂450～600 倍液，隔 7 天左右再喷一次。

(6) 防治柑橘全爪螨和凤蝶类幼虫，分别于春梢抽发前和夏、秋嫩梢长到 5～10 厘米时，喷布 25％水剂500～800 倍液。

[注意事项]

(1) 使用杀虫双时，加入 0.1％洗衣粉，可增加药效。

(2) 杀虫双挥发的蒸气对桑叶有污染，家蚕对此很敏感，故在养蚕区附近不宜喷施。

(3) 棉花、豆类、马铃薯对杀虫双较敏感，果园间作这些作物时不宜施用。

(4) 在柑橘上防治害虫施用浓度高于 600 倍液时，对柑橘嫩梢叶片会产生不同程度的药害，应注意。

(5) 杀虫双水剂吸入人体会引起中毒，施药时应注意防护。

二十二、噻嗪酮

[通用名称及其他名称] 通称噻嗪酮，又名优乐得、扑虱灵、环烷脲。

[英文通用名称] buprofezin。

[作用特点] 扑虱灵是一种选择性昆虫生长调节剂，属高效、低毒杀虫剂，对人、畜低毒，对植物和天敌安全，主要是触杀和胃毒作用，可抑制昆虫几丁质的合成，干扰新陈代谢，使幼虫、若虫不能形成新皮而死亡。该药药效缓慢，药后1～3天才死亡，但持效期长（30～40天），不杀成虫，但能抑制成虫产卵和卵的孵化，对介壳虫、粉虱、飞虱、叶蝉等害虫有特效，与常规农药无交互抗性。

[制剂类型] 噻嗪酮10％、25％、50％可湿性粉剂，噻嗪酮1％、1.5％粉剂，噻嗪酮2％颗粒剂，噻嗪酮10％乳剂，噻嗪酮40％胶悬剂。

[防治对象] 噻嗪酮对同翅目中的介壳虫、粉虱、飞虱、叶蝉等害虫有特效，对部分螨类和鞘翅目中的部分害虫有效，主要用于防治果树的蚧类、叶蝉和飞虱、粉虱等害虫。

[使用方法]

（1）防治苹果、梨、桃树介壳虫，在越冬代和第一代成蚧产卵后，可在幼、若蚧虫发生盛期，喷噻嗪酮25％可湿性粉剂1 500～2 000倍液，药后5天即可显出较好的效果。

（2）防治柑橘锈螨，于7～8月喷布25％可湿性粉剂5 000～6 000倍液，有效期15～20天；防治柑橘全爪螨，于春末夏初和秋季喷布25％可湿性粉剂1 200～1 600倍液，有效期30天；防治矢尖蚧、黑点蚧、康片蚧、多角绵蚧，于5～6月喷布25％可湿性粉剂2 000～3 000倍液；防治柑橘木虱、粉虱和黑刺粉虱等，于一、二龄若虫盛发期喷布25％可湿性粉剂2 000～3 000倍液。

（3）防治蝼蛄，每667米^{2}用25％可湿性粉剂100克，先用少量水稀释成药液，喷拌于40千克的潮湿细土中，然后均匀地撒入园土，浅耕入土，防治效果好。

[注意事项]

（1）本药剂药效缓慢，应稍提前使用。

（2）采果前14天停止使用。

（3）对有机磷和氨基甲酸酯类具有抗药性的害虫，本剂效果良好。

（4）本剂具有内吸性，但以涂干的内吸性最高，喷叶次之，根施吸收最差，可以喷雾、泼浇、撒毒土等不同方式使用，其防治效果差异不大。在果树上防治蚜虫、粉虱和螨类时，可以采用涂枝干的方式进行。

二十三、丁醚脲

[通用名称及其他名称] 通称丁醚脲，又名宝路、螨脲、杀螨隆等。

[英文名] diafenthiuron。

[作用特点] 丁醚脲是一种新型杀虫、杀螨剂，具有内吸、触杀、胃毒和熏蒸作用；通过干扰神经系统的能量代谢，破坏神经系统的基本功能，可抑制几丁质合成。田间施药后害虫先麻痹然后才死亡，因此初效慢，施药后 3 天起效，药后 5 天防效达到高峰。对氨基甲酸酯、有机磷和拟除虫菊酯类杀虫剂产生抗性的蚜虫、叶蝉和粉虱等均可用丁醚脲防治。

[制剂类型] 丁醚脲 25％、50％悬浮剂，丁醚脲 50％可湿性粉剂，丁醚脲 25％乳油。

[防治对象] 可用于果树刺吸式害虫、害螨的防治。

[使用方法] 防治苹果红蜘蛛、柑橘红蜘蛛，在害螨发生盛期，用 25％乳油 1 000～2 000 倍液喷雾。

[注意事项]

（1）选择晴天施药，原因是丁醚脲分子结构上的硫脲基需在阳光及多功能氧化酶的作用下，把硫原子的共价键切断，使变成具有强力杀虫、杀螨活性。

（2）对成螨、幼螨、若螨及卵均有效，螨害发生重时，尤其是成螨、幼螨、若螨及螨卵同时存在时，必须保证必要的用药量，25％丁醚脲乳油不大于 4 000 倍喷雾，喷至叶尖滴水为止。

（3）不能与碱性农药混合使用，但可与波尔多液现混现用，短时间内完成喷雾不影响药效。

（4）对蜜蜂、鱼有毒，使用时应注意。

二十四、啶虫脒

[通用名称及其他名称] 通称啶虫脒，又称莫比朗。

[英文通用名称] acetamiprid。

[作用特点] 作用于乙酰胆碱受体，引起异常兴奋，从而导致受体机能的停止和神经传输的阻断，导致害虫痉挛、麻痹而死。啶虫脒是一种高效、广谱、低毒的内吸性杀虫剂，具有较强的触杀和渗透作用，速效和持效性好，对害虫药效可达 20 天左右。由于啶虫脒作用机制独特，对有机磷、氨基甲酸酯，以及拟除虫菊酯类等农药品种产生抗药性的害虫具有较好的效果。

[制剂类型] 啶虫脒 3%乳油，啶虫脒 3%可湿性粉剂，啶虫脒 20%可溶性粉剂，啶虫脒 20%可溶性液剂。

[防治对象] 主要用于防治果树和茶树上的半翅目、缨翅目和鳞翅目害虫，对蚜虫有特效。

[使用方法]

（1）防治果树蚜虫、潜叶蛾，在害虫发生初期，虫口上升时，用 3%可湿性粉剂 2 500～3 500 倍液，或 3%乳油 1 500～2 000 倍液，或 20%可溶性粉剂 5 000～13 000 倍液喷雾。

（2）防治梨木虱，在春季越冬成虫出蛰而又未大量产卵和第一代若虫孵化期，用 3%可湿性粉剂 2 500～3 000 倍液，或 20%可溶性液剂 3 500～5 000 倍液喷雾。

（3）防治黑翅粉虱、柑橘粉虱，用 3%可湿性粉剂 1 000～1 500 倍液喷雾。

[注意事项]

（1）不能与碱性物质混用。

（2）安全间隔期 15 天。

（3）对桑蚕有毒，若附近有桑园，切勿喷洒在桑叶上。

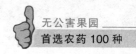
二十五、烟碱

[通用名称及其他名称] 通称烟碱，又称硫酸烟碱。

[英文通用名称] nicotine。

[作用特点] 烟碱属植物源杀虫剂，是一种选择性好、与环境相容、无公害、杀虫机理独特、活性高、性能优越的广谱杀虫剂，其溶液或蒸气可渗入害虫体内，使其迅速麻痹，神经中毒而死亡，主要是触杀作用，也有一定的熏蒸和胃毒作用，无内吸作用，对将要孵化的卵有较强的杀伤力。该药剂杀虫范围广、药效快、对植物安全，但残效期短，为7天左右。烟碱为自然烟叶中提取的纯生物源农药，与自然界亲和力强，是生产和开发绿色食品的首选农药品种之一。

[制剂类型] 烟碱40％水剂、烟碱98％原药、烟碱5％水乳剂。

[防治对象] 主要为果树蚜虫、叶螨、叶蝉、卷叶虫、食心虫、潜叶蛾等。

[使用方法] 防治上述果树害虫，在害虫发生初期用40％硫酸烟碱800～1 000倍液或5％烟碱水乳剂1 000～1 500倍液均匀喷雾，为提高药效，可在药液中加入0.2％～0.3％的中性皂。烟碱也可做成烟剂应用于保护地栽培的果树，使用方便，成本低廉。

[注意事项]

（1）使用时不要与酸性农药混用。

（2）不要污染鱼塘、河流、养蜂场所。

（3）安全间隔期为7～10天。

（4）该药中毒症状是头痛、晕眩、呕吐、视觉及听觉失常，呼吸急促等；急救措施：以活性炭1份，氧化镁1份，鞣酸1份调和后温水冲服或用1∶1 000高锰酸钾水溶液洗胃。

二十六、氟啶脲

[通用名称及其他名称] 通称氟啶脲，又名抑太保、定虫隆等。

[英文名称] chlorfluazuron。

[作用特点] 氟啶脲是苯甲酰脲类昆虫生长调节剂，作用机理为抑制几丁质合成，阻碍昆虫正常蜕皮，使卵的孵化、幼虫蜕皮以及蛹发育畸形，成虫羽化受阻。对害虫高效，但作用速度较慢，幼虫接触药剂后不会很快死亡，但取食量明显减少，一般在药后5～7天充分发挥药效。对多种鳞翅目以及直翅目、鞘翅目、膜翅目、双翅目等害虫活性高，且可防治对有机磷、氨基甲酸酯类、拟除虫菊酯类等杀虫剂已产生抗性的害虫。但对蚜虫、叶蝉、飞虱无效。对多种益虫安全。属于低毒产品。

[制剂类型] 氟啶脲5％乳油。

[防治对象] 柑橘潜叶蛾、苹果桃小食心虫等鳞翅目害虫。

[使用方法]

（1）防治柑橘潜叶蛾，在成虫盛发期用氟啶脲5％乳油2 000～3 000倍液喷雾。

（2）防治苹果桃小食心虫，于产卵孵化初盛期幼虫尚未钻蛀果实前，喷施氟啶脲5％乳油1 000～2 000倍液，间隔5～7天施药1次，连续施药2～3次。

[注意事项]

（1）氟啶脲作用速度慢，因此防治适期较一般有机磷杀虫剂、拟除虫菊酯类杀虫剂提早3天左右，防治叶面害虫在低龄幼虫期喷药，钻蛀性害虫宜在产卵高峰期施药。

（2）对家蚕有毒，应避免在桑园及附近用药。对鱼虾类有影响，因此在鱼塘附近使用应十分注意。

二十七、联苯菊酯

[通用名称及其他名称] 通称联苯菊酯，又称天王星、虫螨灵。

[英文通用名称] bifenthrin。

[作用特点] 联苯菊酯属拟除虫菊酯类杀虫、杀螨剂。对害虫主要有触杀、胃毒作用，无内吸和熏蒸作用，杀虫谱广，作用迅速。在土壤中不移动，对环境较为安全，残效期较长。

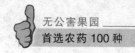

[制剂类型] 联苯菊酯 2.5％、10％乳油。

[防治对象] 联苯菊酯主要用于防治果树上的鳞翅目、同翅目、半翅目、螨类等害虫。

[使用方法]

(1) 防治桃小食心虫：常用 2.5％乳油 1 000～1 500 倍液，10％乳油 3 000～6 000 倍液在产卵始盛期，卵果率达到 0.5％～1％时用药。

(2) 防治苹果全爪螨：10％乳油 3 300～10 000 倍液在苹果开花前后、成若螨发生期，当每片叶平均达 4 头螨时用药。

(3) 防治山楂叶螨：10％乳油 3 300～5 000 在成、若螨发生期，当每片叶平均达 4 头螨时用药。

(4) 防治柑橘潜叶蛾：10％乳油 3 300～5 000 倍液于新梢初放期用药。当新梢不齐或虫量大时，隔 7～10 天再喷一次。

(5) 防治柑橘全爪螨：10％乳油 2 500～5 000 倍液，在成、若螨发生初期用药。

[注意事项]

(1) 不能与碱性物质混用。

(2) 茶树在采收前 7 天禁用此药。

(3) 对鱼、虾、蜜蜂有较大毒性，使用时要远离养蜂区，不要将残留药液倒入河塘鱼池。

(4) 可与其他农药交替使用，以延缓抗药性产生。

二十八、噻虫嗪

[通用名称] 通称噻虫嗪，又称阿克泰、快胜等。

[英文通用名称] thiamethoxam。

[作用特点] 噻虫嗪的有效成分干扰昆虫体内神经的传导作用，其作用方式是模仿乙酰胆碱，刺激受体蛋白，而这种模仿的乙酰胆碱又不会被乙酰胆碱酯酶所降解，使昆虫一直处于高度兴奋中，直到死亡。该药剂对人、畜低毒，对作物安全，对蜜蜂有害。

[制剂类型] 噻虫嗪 25％水分散颗粒剂。

[防治对象] 噻虫嗪主要用于防治多种刺吸式口器害虫，如多种蚜虫、飞虱、叶蝉等。

[使用方法]

（1）防治绣线菊蚜，可在春梢抽出期、蚜虫初盛期施药，用25％水分散颗粒剂6 000～7 000倍液喷雾。

（2）防治葡萄叶蝉、蚜虫，在害虫初盛期施药，可用25％水分散颗粒剂6 000倍液喷雾。

（3）防治草莓蚜虫，在害虫初盛期施药，可用25％水分散颗粒剂6 000倍液喷雾。

[注意事项]

（1）该药剂对蜜蜂有害，应避免果树授粉期使用。

（2）避免在低于－10℃和35℃以上贮存，以免降低药效。

二十九、虫酰肼

[通用名称及其他名称] 通称虫酰肼，又名米满、天地扫。

[英文通用名称] tebufenoz。

[作用特点] 虫酰肼为非甾族新型昆虫生长调节剂，是最新研发的昆虫激素类杀虫剂。其作用机理是促进鳞翅目幼虫蜕皮，害虫在不该蜕皮时蜕皮，由于蜕皮不完全而导致幼虫脱水、饥饿而死亡。本药剂高效、低毒、低残留，具有胃毒作用，对鳞翅目害虫有极高的选择性和药效，对抗性害虫有效，使用安全。幼虫接触药剂6～8小时后，停止取食，不再为害作物，3～4天后开始死亡。对作物安全无药害，无残留药斑，对蜜蜂等益虫安全。

[制剂类型] 虫酰肼20％、24％、30％悬浮剂，虫酰肼20％可湿性粉剂。

[防治对象] 主要用于防治柑橘、枣、苹果、梨、桃等果树上的蚜科、叶蝉科、叶螨科、鳞翅目幼虫如梨小食心虫、葡萄小卷蛾等害虫。

[使用方法] 防治枣、苹果、梨、桃等果树卷叶虫、食心虫、刺蛾、潜叶蛾、尺蠖等害虫，在卵孵化盛期，用20％虫酰肼悬浮

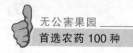

剂 1 000~2 000 倍液喷雾。防治苹果金纹细蛾用 20％虫酰肼悬浮剂 1 500~2 500 倍液喷雾。

［注意事项］

（1）配药时应搅拌均匀，喷药时应均匀周到。

（2）施药时应佩戴手套，避免药物溅及眼睛及皮肤，喷药后要用肥皂和清水彻底清洗。

（3）建议作物每生长季节最多使用 4 次，安全间隔期 14 天。

（4）对鱼、无脊椎动物有毒，对家蚕高毒，使用时注意。

三十、昆虫性诱剂

［通用名称］通称昆虫性诱剂。

［作用特点］昆虫性诱剂属低等毒性生化农药。各种害虫具有自己特异的昆虫性信息素种类，一般情况下每种昆虫性信息素由两种或两种以上成分组成，经人工合成并测定配比，具有引诱异性昆虫能力的物质即为昆虫性诱剂，以橡胶塞、夹心橡胶片或塑料管为载体，用溶剂处理使性诱剂进入载体即成为诱芯。因害虫种类不同，每种诱芯性诱剂含量各异。

［制剂类型］

（1）桃小食心虫两种组分　A：B＝90：10，计 500 微克。

（2）梨小食心虫四种组分　A：B：C：D＝90：5：5：300，计 400 微克。

（3）苹小卷叶蛾两种组分　A：B＝90：10，计 500 微克。

（4）金纹细蛾两种组分　A：B＝70：30，计 500 微克。

（5）桃蛀螟两种组分　A：B＝90：10，计 500 微克。

（6）葡萄透翅蛾两种组分　A：B＝90：10，计 300 微克。

［防治对象］主要用于防治果园中的桃小食心虫、梨小食心虫、苹小卷叶蛾、金纹细蛾、苹果蠹蛾、桃蛀螟、葡萄透翅蛾和枣黏虫等害虫。

［使用方法］

（1）检测检疫性害虫　当怀疑某种检疫害虫传入时，可在田间悬挂性诱剂诱捕器，观察是否有成虫出现。目前常用的诱捕器有水碗式、黏胶式、纱笼式等，因虫而定。水碗式用口径20厘米水盆盛水，加入少许洗衣粉，防止蛾子逃脱。用铁丝将盆悬挂1.8米高，诱芯悬挂于盆中心与盆口面平。黏胶式可用塑料板折成三角形，底面涂上黏胶即可。三角形底长20厘米、宽18厘米。纱笼式用一个三角漏斗架在一个纱笼上即可。

(2) 测报成虫消长　在成虫羽化期间，测报发蛾高峰期，指导喷药时间。每公顷挂一个诱捕器，每天检查碗内诱蛾量，当桃小食心虫每天每盆诱到20头、梨小食心虫每天诱到50头时，每3天调查一次卵果率，当卵果率达1‰时开始喷药。金纹细蛾可在一代发蛾高峰期后3天喷药，其他害虫可在诱蛾量明显增多时，结合查卵确定最佳喷药时期。

(3) 防治梨小食心虫　每667米^{2}果园挂性诱剂药膜诱杀器或黏胶诱捕器15个左右，在成虫羽化初期挂上，可有效控制梨小食心虫的为害，黏胶诱捕器每代需要更换一次黏胶，药膜诱杀器可维持80天左右。诱杀防治要在虫口密度较低的条件下处理，才能获得良好的效果。

[注意事项]

(1) 诱捕器尽量挂在树冠北面，避免太阳光直射诱芯而缩短有效期。

(2) 不同昆虫在果园空间内活动高度有差异，诱捕器悬挂高度应因昆虫特性加以调整。

第三章

无公害果园首选杀螨剂

三十一、浏阳霉素

[通用名称] 浏阳霉素。

[英文通用名称] liuyangmycin。

[作用特点] 浏阳霉素是农用抗生素类杀螨剂，是由灰色链霉菌浏阳变种提炼成的一种抗生素杀螨剂，属高效低毒农药，对天敌较安全，不杀伤捕食螨；害螨不易产生抗性，杀螨谱较广，对叶螨、瘿螨都有效。本药具触杀作用，无内吸性，若药液直接喷至螨体上药效很高，但害螨在干药膜上爬行几乎无效；对成、若螨及幼螨有高效，但不能杀死螨卵。该药是一种高效、低毒、低残留的无公害农药，对人、畜、作物安全，对鱼有毒。

[制剂类型] 浏阳霉素5％、10％乳油。

[防治对象] 用于各种叶螨和瘿螨的成螨及幼、若螨。如苹果树上的苹果全爪螨、山楂叶螨，柑橘树上的柑橘锈螨、柑橘全爪螨。

[使用方法]

（1）防治苹果全爪螨和山楂叶螨，在苹果落花后两种害螨的成螨和幼、若螨集中发生期，用10％乳油1 000倍液，喷雾防治，杀螨效果高，有效控制期可维持1个多月。

（2）防治柑橘锈螨，于当年生春梢叶片和幼果上零星发生时，用10％乳油1 000倍液，树冠喷雾防治，2天后效果达95％以上。

（3）防治柑橘全爪螨，在柑橘全爪螨成螨和幼若螨集中发生期的4～6月和9～10月间，用10％乳油1 000～1 200倍液喷雾防治。

[注意事项]

（1）该药剂主要是触杀作用，喷药时要均匀周到，使枝叶全面着药，效果才好。

（2）可与多种杀虫剂、杀菌剂混用，但与波尔多液等碱性农药混用时，要现配现用。

（3）该药药效迟缓，残效期长。

（4）制剂要求在室温、干燥、避光处储存。

三十二、四螨嗪

[通用名称及其他名称] 通称四螨嗪，又称螨死净、阿波罗（Apollo）、螨灭净、克螨敌、捕螨特。

[英文通用名称] clofentezine。

[作用特点] 四螨嗪是一种具有高度活性的有机氮杂环类专用杀螨剂。对害螨的卵和幼、若螨均有较高的杀伤能力，虽不杀成螨，但可显著降低雌成螨的产卵量，产下的卵大部分不能孵化，孵化的幼螨也会很快死亡。该药剂药效缓慢，药后 7 天才能看出防效，2～3 周才达到最高杀螨活性。对人、畜低毒，对天敌和植物、鸟类、鱼类、蜜蜂安全，持效期达 50 天左右。对温度不敏感，有较强的渗透力，四季皆可使用，可以和多种杀菌剂和杀虫剂混用，是一种比较理想的杀螨剂。

[制剂类型] 四螨嗪 20％悬浮剂，四螨嗪 50％悬浮剂，四螨嗪 40％、10％可湿性粉剂。

[防治对象] ①苹果树：山楂叶螨、苹果全爪螨。②柑橘树：锈壁虱、叶螨。

[使用方法]

（1）防治苹果山楂叶螨和苹果全爪螨，以春季使用效果较好。可在苹果树开花前后，山楂叶螨和苹果全爪螨集中发生期，尤其在苹果谢花后7～15 天（两种叶螨均处在卵和幼若螨期，成螨较少）喷洒 20％悬浮剂2 000～3 000倍液，或 50％阿波罗悬浮剂5 000～6 000倍液，只要喷药均匀，一次用药基本可控制全年为害；夏季

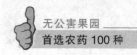
使用，如成螨数量大，应在螨死净中混加对成螨有速效的杀螨剂，如速螨酮、克螨特等，既能杀成螨，又能杀灭幼、若螨等。

（2）防治柑橘叶螨，需在早春柑橘发芽后，春梢长至2～3厘米，越冬卵孵化时施药，用药为20%悬浮剂2 000～3 000倍液，或50%悬浮剂4 000～5 000倍液，持效期一般可长达50天；防治柑橘锈壁虱，要在5～6月份，害虫发生初期施药，用药量同柑橘叶螨。

[注意事项]

（1）不能与波尔多液、石硫合剂等碱性农药混用，但可与其他杀虫、杀菌剂混用。

（2）螨死净和尼索朗有交互抗性，在长期使用尼索朗的果园不宜再使用螨死净。

（3）悬浮剂有分层现象，喷前要摇匀。

（4）为了防止抗药性产生，在苹果和柑橘上尽可能1年仅用1次。

（5）该药安全间隔期为21天。

（6）用药时要掌握好施药适期，喷雾均匀周到。

（7）本药宜在阴凉、干燥环境下贮存，防止冻结及强光直射。

三十三、克螨特

[通用名称及其他名称] 通称克螨特，又称丙炔螨特。

[英文通用名称] propargite。

[作用特点] 克螨特是一种高效、低毒、广谱性有机硫杀螨剂，对害螨具有触杀和胃毒作用，但无内吸性和渗透传导作用。对成螨和幼、若螨效果好，杀卵效果差；本品在任何温度下都是有效的，在炎热的天气下效果更为显著；气温高于27℃时，具有触杀和熏蒸双重作用；持效期比较长，长期使用不易产生抗性。该药具有良好的选择性，对人、畜低毒，对蜜蜂和天敌安全，但对食螨瓢虫和捕食螨有一定的杀伤作用；可以防治多种害螨，是综合防治的首选良药之一。

[制剂类型] 克螨特40％、73％乳油，克螨特30％可湿性粉剂。

[防治对象] ①苹果树：苹果山楂叶螨、苹果全爪螨。②柑橘树：柑橘叶螨、锈壁虱。

[使用方法]

（1）防治苹果树上的山楂叶螨和苹果全爪螨，可于苹果开花前后两种叶螨的幼、若螨发生盛期或5月下旬山楂叶螨二代若螨盛期，用73％乳油2 000～3 000倍液喷雾，有效期可达40～50天，效果较好；也可在夏季7月份后每叶螨数6～7头时，用73％乳油2 000～3 000倍液喷雾防治。

（2）防治柑橘树叶螨，在春季开始盛发期，平均每片叶螨数2～4头时，用73％乳油2 000～3 000倍液喷雾；防治柑橘锈壁虱，当有虫叶片达20％时，用73％乳油2 000～3 000倍液喷雾，隔20～30天后再施药1次。

[注意事项]

（1）克螨特高温下使用浓度不能高于2 000倍，浓度过高易发生药害；尤其对柑橘新梢、嫩叶、幼果及油桃的部分品种易产生药害，使用时应注意；同时浓度高时苹果果实上也会产生绿斑。

（2）不能与波尔多液等碱性农药混用，施药后7天不能喷波尔多液。

（3）本品是触杀性药剂，无组织渗透作用，应彻底喷洒果树叶片两面及整个果实表面。

（4）收获前21天停用。

（5）误食后，应立即饮下大量牛奶、蛋白或清水，送医院治疗。

三十四、螺螨酯

[通用名称及其他名称] 通称螺螨酯，又名螨威多、季酮螨酯、螨危。

[英文通用名称] spirodiclofen。

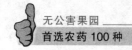

[作用特点] 螺螨酯主要抑制螨的脂肪合成，阻断螨的能量代谢，最终导致害螨死亡。具有很强的杀卵作用，对幼若螨也有良好的触杀作用；虽然不能较快地杀死雌成螨，但雌成螨触药后所产的卵不能孵化，死于胚胎后期。对雄成螨基本无效。与其他杀螨剂无交互抗性，适合于防治对现有杀螨剂产生抗性的害螨。杀螨速度较慢，持效期长达40～50天。

[制剂类型] 螺螨酯24%悬浮剂。

[防治对象] 用于防治红蜘蛛、锈蜘蛛、黄蜘蛛等。

[使用方法] 防治柑橘树、苹果树红蜘蛛，在产卵盛期，用24%螺螨酯悬浮剂4 000～6 000倍液均匀喷雾。有资料报道，24%螺螨酯悬浮剂6 000～8 000倍防治柑橘全爪螨，于每叶片虫口密度大于2头时开始喷药，药后3天防效达90%以上，药后10～30天药效高达98.9%以上。

[注意事项]

(1) 螺螨酯的作用方式为触杀作用，因此喷药要全株均匀喷雾，特别是叶背。建议在害螨为害前期施用，以充分发挥药剂持效期长的特点。

(2) 在一个生长季节内使用不超过2次，提倡与其他不同作用机理的杀螨剂轮换使用。

(3) 本品对蜜蜂和鱼有毒，建议避开果树花期用药，避免污染水质。

三十五、三唑锡

[通用名称及其他名称] 通称三唑锡，又称倍乐霸（peropal）、三唑环锡、倍杀螨。

[英文通用名] axocyclotin。

[作用特点] 三唑锡属广谱有机锡类杀螨剂，对人、畜、蜜蜂低毒，对鱼类高毒，对天敌及植物安全。本品属感温性农药，低温时药效缓慢，高温时效果好；对害螨主要是触杀作用，无内吸传导作用；对幼、若螨及成螨杀伤力强，对夏卵有毒杀作用，但对越冬

卵无效；对抗性螨类有较好的效果。对阳光和雨水有较好的稳定性、残效期较长，在常用浓度下对苹果、梨等果树安全。

[制剂类型] 三唑锡25％可湿性粉剂、三唑锡20％悬浮剂、三唑锡25％可湿性粉剂。

[防治对象] ①苹果树：山楂叶螨、苹果全爪螨。②柑橘树：柑橘叶螨、柑橘锈壁虱。③葡萄树：葡萄叶螨。

[使用方法]

（1）防治苹果树上的山楂叶螨、苹果全爪螨，在苹果开花前后和麦收前后进行喷雾，施用浓度为25％可湿性粉剂1 000～2 000倍液或20％悬浮剂1 000～2 000倍液，有效期可达30～40天；该药剂使用时应和波尔多液有一定的间隔期，夏季首先喷倍乐霸，隔7～10天后才可喷波尔多液，若先喷波尔多液，需隔20天才能喷倍乐霸，否则会降低药效。

（2）防治柑橘叶螨，在新梢嫩叶转绿后，平均每片叶螨量达2～3头时，用25％可湿性粉剂1 500～2 000倍液或20％悬浮剂1 500～2 000倍液均匀喷雾；防治柑橘锈壁虱时，在春末夏初害螨为害果实前防治，用药浓度为25％可湿性粉剂1 000～2 000倍液。

（3）防治葡萄叶螨，于葡萄叶螨盛发期，用25％可湿性粉剂1 000～1 500倍液均匀喷雾。

[注意事项]

（1）该药剂不能与波尔多液、石硫合剂等碱性农药混用。

（2）药液不得污染水面。

（3）收获前21天停用。

（4）三唑锡对柑橘嫩梢、新叶、幼果易产生药害，此期不宜使用。

三十六、噻螨酮

[通用名称及其他名称] 通称噻螨酮，又称尼索朗。

[英文通用名称] hexythiazox。

[作用特点] 噻螨酮是一种噻唑烷酮类专用杀螨剂，对植物表

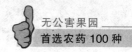
皮层具有较好的穿透性，主要是触杀和胃毒作用，无内吸传导作用，但有较强的渗透能力，耐雨水冲刷；对螨卵和幼、若螨杀伤力极强，不杀成螨，但能显著抑制雌螨所产卵的孵化率；对人、畜低毒，对蜜蜂和天敌安全，可与多种杀虫、杀螨剂混用，亦可与波尔多液、石硫合剂等碱性农药混用。对温度不敏感，在不同温度下使用效果无差异；由于没有杀成螨活性，故药效发挥迟缓，药后 7 天才有明显效果，残效期长达 50 天左右，一般在早春使用 1 次即可控制全年螨害。该药对叶螨防治效果较好，对锈螨和瘿螨防治效果较差。

[制剂类型] 噻螨酮 5％乳油、噻螨酮 5％可湿性粉剂。

[防治对象] ①苹果树：山楂叶螨、苹果全爪螨。②柑橘树：柑橘叶螨。

[使用方法]

（1）防治苹果树上的山楂叶螨和苹果全爪螨，在害螨产卵盛期和幼、若螨集中发生期，用 5％乳油或 5％可湿性粉剂 1 000～2 000倍液均匀喷雾，残效期可维持 60 天左右；如成螨较多，可混加杀成螨效果较好的杀螨剂。

（2）防治柑橘叶螨，在春季害螨始盛发期，平均每片叶螨数 2～3 头时，用 5％乳油 2 000倍液均匀喷雾，或用 5％可湿性粉剂 1 500～2 500倍液喷雾。

[注意事项]

（1）该药无内吸性，喷药要均匀周到。

（2）夏季用药应选早晚气温低时进行，晴天上午 10 时至下午 4 时应停止施药。

（3）尼索朗对成螨无效，所以要掌握好施药时期，争取花前、花后使用。

（4）尼索朗 1 年只宜使用 1 次，若连续使用则很快降低药效。

（5）在枣树上喷雾，能引起严重落叶，不宜使用。

（6）尼索朗和螨死净有交互抗性，不宜连续使用。

三十七、双甲脒

[通用名称及其他名称] 通称双甲脒，又称螨克。

[英文通用名称] amitraz。

[作用特点] 双甲脒系广谱杀螨剂，有触杀、拒食、驱避作用，也有一定的胃毒、熏蒸和内吸作用，杀虫机制主要是抑制单胺氧化酶的活性，对昆虫中枢神经系统诱发直接兴奋作用；对叶螨各种虫态都有效，但对越冬卵效果差，对其他杀螨剂有抗性的螨也有效。药效迅速，药后有效控制期短，用于防治梨木虱效果好；对人、畜低毒，对蜜蜂也比较安全。不易燃、不易爆，在酸性溶液中不稳定。

[制剂类型] 双甲脒20％乳油。

[防治对象] ①苹果树：苹果害螨、绣线菊蚜。②梨树：梨木虱。③柑橘树：柑橘叶螨、柑橘锈壁虱。

[使用方法]

（1）防治苹果害螨，在苹果花后，每叶上有螨2～4头时，用双甲脒20％乳油1 000倍液喷雾，有效控制期20～30天，同时兼治绣线菊蚜。

（2）防治梨木虱，在春、夏、秋三次新梢嫩芽期成虫尚未大量产卵时使用，用双甲脒20％乳油1 500倍液防治。

（3）防治柑橘叶螨，于春梢、夏梢、秋梢期，平均每叶有螨2头以上时用药，选择无雨高温天气，用20％螨克乳油1 000～2 000倍液喷雾，以湿透全部枝叶为度；也可用20％乳油3 000～4 000倍液与0.25％茶麸柴油乳膏（茶麸液：硫黄悬浮剂：柴油为1∶1∶8）或0.25％机油乳剂混用，可降低双甲脒用量提高药效。

（4）防治柑橘锈壁虱，在4～5月份春梢期、害虫数量开始上升未转果时，施用20％乳油1 000～2 000倍液喷雾；在6～9月份春季低温时不宜使用，夏梢、秋梢期结合防治红蜘蛛时施用，浓度为20％乳油1 200倍液。

[注意事项]

（1）气温低于25℃时使用双甲脒，药效缓慢且效果差，天晴

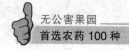
高温时有利于发挥药效。

（2）不要和碱性农药混用，也不要与波尔多液混合施用于苹果树或梨树上，以免产生药害；且使用双甲脒1周前和施后2周内均不宜使用波尔多液或碱性农药。

（3）柑橘采前21天，苹果、梨采前15天和高温、高湿条件下慎用。

（4）每年用药不宜超过2次。

（5）在金冠苹果树上使用易产生药害，应慎用。

（6）避免低温、冷冻，应贮存于阴凉处。

三十八、苯丁锡

[通用名称及其他名称] 通称苯丁锡，又名托尔克、抗螨锡、螨完锡、克螨锡、螨得斯等。

[英文通用名称] fenbufatin oxide。

[作用特点] 苯丁锡是一种有机锡类长效专性杀螨剂，对有机磷和有机氯有抗性的害螨有较好的防效，对其不产生交互抗性。对害螨以触杀作用为主，无内吸性；杀螨作用缓慢，药后1～2天内害螨取食活动降低，3～4天开始死亡，直到14天才大量死亡。该药持效期是杀螨剂中较长的一种，可达2～5个月。对幼、若螨和成螨药效均好，但对卵的杀伤力不强，对害螨的天敌如瓢虫和草蛉等影响很小。苯丁锡为感温型杀螨剂，当气温在22℃以上时药效提高，22℃以下活性降低，低于15℃药效较差，在冬季不宜使用。该药为低毒农药，对人、畜安全，对蜜蜂、鸟类低毒，对天敌昆虫安全，对鱼类高毒。

[制剂类型] 苯丁锡25%、50%可湿性粉剂。

[防治对象] ①苹果树：苹果全爪螨、山楂叶螨。②柑橘树：柑橘全爪螨、柑橘锈螨。

[使用方法]

（1）防治苹果全爪螨和山楂叶螨，最适宜防治时期是在苹果落花后半月左右，这时苹果全爪螨第一代幼、若螨集中发生；山楂叶螨第一代若螨和成螨始期，两种螨的卵都较少，有助于发挥该药毒杀活动态螨药效好的特点，便于集中消灭；且花后气温升高利于药效发挥，同时苹果叶已长大定形，施药后药量稳定，只要喷药周到细致，使用50％可湿性粉剂1 000～2 000倍液，就能收到较好的防治效果，有效期可维持2个月左右。

（2）防治柑橘全爪螨和柑橘锈螨，可在柑橘现蕾后至开花前，日均温达15℃以上时，树冠喷布50％可湿性粉剂1 000～2 000倍液；谢花后可喷布50％可湿性粉剂2 000～3 000倍液，杀虫效果在90％左右，有效期为60天左右，最长的达90天。夏、秋防治柑橘锈螨，树冠喷布50％可湿性粉剂1 000～2 000倍液（气温低时和年均温低的地区）或2 000～3 000倍液（气温高时和年均温高的地区），有效期长达30～40天。该药对多种柑橘品种均十分安全，无药害发生。

［注意事项］

（1）苯丁锡可与多数杀虫剂、杀菌剂混合使用，但若与高浓度的波尔多液混用时，药效有所下降，一般喷布本药后7～10天才能喷波尔多液，若先喷波尔多液，需间隔20天再喷苯丁锡。

（2）最后一次喷药距采果时间，柑橘为14天以上，苹果为21天。

（3）最多年施药次数为6次，最好是2～3次。

（4）本剂应避免连续施用，最好与杀螨作用不同的杀螨剂轮换施用，以免产生抗药性。

（5）本品作用缓慢，故应较一般杀螨剂提前2～3天使用。

三十九、农螨丹

［通用名称及其他名称］通称农螨丹，又名NA-80。

［作用特点］农螨丹是尼索朗和灭扫利混配的低毒杀虫、杀螨剂，具有触杀和胃毒作用。杀虫谱广，既能有效地防治多种害螨，又能兼治蚜虫、食心虫等多种害虫，对叶螨的卵、幼螨、若螨和成螨均有较好的防治效果；速效性强，持效期长（50～60天），具有

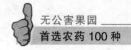

一定的忌避作用，对人、畜低毒，对果树安全，对天敌影响很小。

[制剂类型] 农螨丹7.5％乳油。

[防治对象] ①苹果树：山楂叶螨、苹果全爪螨。②桃树：桃蛀果蛾。③柑橘树：柑橘叶螨。

[使用方法]

（1）防治苹果山楂叶螨、苹果全爪螨，在开花前后，害螨发生初盛期，平均单叶有螨3～4头时防治，用7.5％乳油1 000～1 500倍液均匀喷雾，对卵、幼螨、若螨和成螨均有效，持效期达50天左右。

（2）防治桃蛀果蛾，于卵盛期，卵果率达1％时，喷洒7.5％乳油500～700倍液，10～15天喷1次，连喷2～3次。

（3）防治柑橘叶螨，春、秋柑橘叶螨虫口密度上升期，平均每叶有螨2～3头时，用7.5％乳油750～1 000倍液均匀喷雾。

[注意事项]

（1）不可与碱性农药混用。

（2）为了防止螨类产生抗药性，避免连续使用本剂，1年只能使用1次，要与其他杀螨剂交替使用。

（3）配药和喷药要远离桑园、蜂场和鱼池等水源。

四十、氟丙菊酯

[通用名称及其他名称] 氟丙菊酯，又名罗速发、杀螨菊酯、氟酯菊酯。

[英文通用名称] acrinathrin。

[作用特点] 氟丙菊酯是一种新型合成菊酯类杀螨剂，并可兼治害虫。本剂具有触杀和胃毒作用，无内吸及传导作用。由于触杀作用迅速，具有极好的击倒作用，持效期在3周以上，对叶螨的成螨、幼螨、若螨均有良好的防治效果，对苹果蚜虫效果也很好。该药属低毒农药，对人、畜十分安全，对鸟类安全，对果园天敌如食螨瓢虫、小花蝽和草蛉等昆虫有良好的选择性，基本上不伤害。本药对环境不污染，药液进入土壤后，有99.8％的有效成分被固定

在土壤胶体颗粒上，不会滞留在环境中，然后很快被降解失效。常用剂量对苹果、葡萄、柑橘、桃等安全，对其产品也没有不良影响。

[制剂类型] 氟丙菊酯2%乳油。

[防治对象] 主要用于防治叶螨科和细须螨属的幼螨、若螨和成螨以及蛀果害虫初孵幼虫。

[使用方法]

（1）防治苹果叶螨，在苹果落花后半个月左右喷布2%乳油1 000～2 000倍液，杀螨较彻底，药后有效控制期在50天以上；夏季使用上述剂量防治效果也很好，但药后控制期稍短些，一般可维持1个月左右；喷该药可兼治蚜虫。

（2）防治柑橘叶螨，宜在柑橘叶螨发生期，用2%乳油均匀喷雾。

（3）防治桃小食心虫，在第一代初孵幼虫蛀果前施用2%乳油1 000倍液，药后10天内可有效控制幼虫蛀果。

[注意事项]

（1）该药不宜与波尔多液混用，避免减效。

（2）该药主要是触杀作用，喷药力求均匀周到，使叶、果全面着药才能奏效。

（3）采收前21天停用。

（4）避免药剂污染饲料、食物和饮用水。

（5）该药对人有较大的刺激作用，施药时应戴口罩、手套，注意防护。

第四章

无公害果园首选杀菌剂

四十一、石硫合剂

[通用名称及其他名称] 通称石硫合剂，又称石灰硫黄合剂。

[英文通用名称] calcium polysulphils。

[作用特点] 石硫合剂是一种既能杀菌又能杀虫、杀螨的无机硫制剂，它的有效成分为多硫化钙，它有较强的渗透和侵蚀病菌细胞壁和害虫体壁的能力，可直接杀死病菌和害虫。其药液喷洒到植物表面后，在氧、二氧化碳和水的作用下发生化学变化，形成细小的硫黄沉淀，释放出少量硫化氰，具有灭菌、杀虫和保护植物的功能。防治病害主要是保护作用，对人、畜毒性中等，对植物安全，无残留，不污染环境，病虫不易产生抗性。为使用和运输方便，目前生产出一种性能和石硫合剂一样的晶体石硫合剂。它是用硫黄、石灰和水在金属触媒作用下，经高温、高压加工合成的固体化新剂型。石硫合剂原液呈强碱性，遇酸易分解，必须贮存在密闭容器中，或在液面上加一层煤油与空气隔离，防止氧化。

[制剂类型] 石硫合剂原液、45％晶体石硫合剂。

[防治对象] ①苹果树：白粉病、花腐病、腐烂病、炭疽病、锈病、轮纹病、苹果全爪螨、山楂红蜘蛛。②桃树：流胶病、缩叶病、疮痂病、穿孔病、桑白蚧。③葡萄树：黑痘病、白粉病、东方盔蚧。④柿子树：白粉病、炭疽病、柿树绵蚧。⑤梨树：黑星病、炭疽病、黄粉蚜、梨圆蚧等。⑥山楂树：花腐病。⑦柑橘树：白粉病、红蜘蛛。⑧果树根腐病。

[使用方法]

（1）防治苹果树病虫害。用45％晶体石硫合剂200～300倍液，在苹果开花前和落花后10天喷雾，防治苹果白粉病；苹果树发芽后用45％晶体石硫合剂150～200倍液防治苹果花腐病；苹果树休眠期用45％晶体石硫合剂30倍液喷雾，防治苹果腐烂病；苹果树休眠期和发芽前喷3～5波美度石硫合剂，可防治苹果腐烂病、白粉病、炭疽病、锈病，并可防治苹果全爪螨的越冬卵及山楂叶螨的出蛰成螨；苹果生长季节，用0.3～0.5波美度石硫合剂，可防治苹果轮纹病、锈病，兼治山楂叶螨、苹果全爪螨等害螨，尤其红蜘蛛大发生的年份，可于麦收后喷2～3次0.3～0.5波美度的石硫合剂；石硫合剂原液消毒刮后的伤口，可防治苹果腐烂病和轮纹病。

（2）防治梨树病害。梨树芽萌动前喷1次5波美度石硫合剂，可防治梨黑星病、炭疽病、黑斑病和黄粉蚜、梨圆蚧等。

（3）防治桃树病害。在桃树发芽前可用45％晶体石硫合剂100倍液防治桃流胶病、缩叶病和疮痂病；桃树发芽前喷1次4～5波美度石硫合剂，可防治桃缩叶病、穿孔病、褐腐病、疮痂病及桑白蚧等；桃缩叶病的最佳防治时期是桃树芽膨大、芽顶露红时，喷2～3波美度石硫合剂；桑白蚧虫口较大的年份，可于花后20天左右再喷1次0.3波美度石硫合剂。

（4）防治葡萄树病害。于发芽前喷1次5波美度的石硫合剂，或45％晶体石硫合剂100倍液，可防治白粉病、黑痘病及东方盔蚧越冬若虫等。

（5）防治柿子的白粉病，在春季（4～5月份）用45％晶体石硫合剂300倍液喷洒；柿树休眠期喷3～5波美度石硫合剂，可防治柿炭疽病、柿树绵蚧和草履蚧等。

（6）防治山楂花腐病，于山楂休眠期和发芽前喷布3～5波美度石硫合剂。

（7）防治柑橘树的白粉病和红蜘蛛，于早春喷45％晶体石硫合剂180～300倍液，或于晚秋喷45％晶体石硫合剂300～500

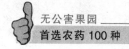

倍液。

（8）防治果树根腐病，以树干为中心，挖 3～5 条宽 35～40 厘米，深 25～50 厘米的放射状条沟，内浅外深，长度以达到树冠外围为准，用 1 波美度石硫合剂灌根，然后覆土，每年早春和夏末各施 1 次，可有效地防治果树根腐病。

[注意事项]

（1）晶体石硫合剂开袋后要尽快使用，以免潮解。

（2）贮存或运输时要防止受潮，并要防止阳光直晒。

（3）稀释用水温度不超过 30℃。

（4）石硫合剂熬制和贮存时，不能用铜、铝容器，可用铁质或陶瓷容器；经长期贮存的原液，使用前应重新测定浓度，稀释液不能贮存。

（5）石硫合剂和晶体石硫合剂不能与酸性、碱性农药混用。

（6）梨树上喷过石硫合剂和晶体石硫合剂后，间隔 10～15 天才能喷波尔多液。

（7）喷过波尔多液和机油乳剂后，15～20 天才能喷石硫合剂和晶体石硫合剂，以免发生药害。

（8）气温高于 32℃或低于 4℃均不能使用石硫合剂或晶体石硫合剂。

（9）梨、葡萄、杏等果树对石硫合剂比较敏感，生长期不能使用，必要时降低使用浓度或减少喷药次数。

（10）该药剂有腐蚀作用，应避免接触皮肤和衣服，药械用完后要及时清洗。

[石硫合剂的熬制]

石硫合剂原液的熬制方法：优质生石灰、细硫黄粉和水按 1：1.4～1.5：13 的配比，把称好的生石灰放在锅中，加入少量水使石灰消解，再用水调成糊状，再将事先用水调成糊状的硫黄粉浆倒入石灰乳中混匀，加足水量，用搅拌棒插入锅中记下水位线，然后加热熬制，沸腾时开始计时，保持沸腾 50～60 分钟，熬制过程中损失的水量可用热水在最后的 15 分钟前补充完；熬制好的石硫合剂原液应呈深棕红色；取出原液滤去渣滓，滤液即为石硫合剂母液，用波美比重计（Be）度量，度数越高，含有效成分也越高。

石硫合剂波美度（°Be）测定：石硫合剂原液可以用波美比重计直接度量，如无波美比重计可用下列方法测定：用一干净无色玻璃瓶，称空瓶重后，加入 0.5 千克水，在齐水面处画一横线，把水倒出，再将石硫合剂原液装到瓶内画线处，称其重量按下列公式计算：

原液浓度（°Be）＝（原液重量－空瓶重－0.5 千克水）×11.5，即为石硫合剂原液的浓度。通常在波美比重 20°Be～30°Be 之间，加水稀释的方法如下：

$$加水倍数（按重量）＝\frac{原液波美度－欲稀释后的波美度}{稀释液波美度}$$

例如：原液为 20°Be，配制成 0.5°Be，加水倍数为（20－0.5）÷0.5＝39，即 1 千克原液应加水 39 千克。

四十二、波尔多液

[通用名称及其他名称] 通用名为波尔多液（硫酸铜—石灰混合液），商品名有必备。

[英文通用名称] bordeauxmixture。

[作用特点] 波尔多液是一种保护性杀菌剂，由硫酸铜和石灰乳配制而成，有效成分为碱式硫酸铜，喷洒药液后在植物体和病菌表面形成一层很薄的药膜，该药膜不溶于水，但在二氧化碳、氨、树体及病菌分泌物的作用下，使可溶性铜离子逐渐增加而起杀菌作用，可有效地阻止孢子发芽，防止病菌侵染，并能促使叶色浓绿、生长健壮，提高树体抗病能力。该药剂具有杀菌谱广、持效期长、病菌不会产生抗性、对人和畜低毒等特点，是应用历史最长的一种杀菌剂。波尔多液为天蓝色胶状悬浮剂，呈碱性，微溶于水，有一定的稳定性，但放置过久会发生沉淀并产生结晶从而使性质发生改变，所以必须现配现用，不能贮存。波尔多液是一种良好的保护

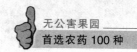

剂，应在病菌侵入前使用，发病后使用仅能防止病菌的再侵染，效果较差。

[制剂类型] 波尔多液自行配制，硫酸铜、生石灰的比例及加水的多少，要根据树种或品种对硫酸铜和石灰的敏感程度（对铜敏感的少用硫酸铜，对石灰敏感的少用石灰）以及防治对象、用药季节和气温的不同而定。生产上常用的波尔多液的比例有：

（1）波尔多液石灰等量式（硫酸铜：生石灰＝1：1）；

（2）波尔多液石灰倍量式（硫酸铜：生石灰＝1：2）；

（3）波尔多液石灰半量式（硫酸铜：生石灰＝1：0.5）；

（4）波尔多液石灰多量式（硫酸铜：生石灰＝1：3～5）；

以上 4 种用水一般为 160～240 倍。

[防治对象] ①苹果树：早期落叶病、炭疽病、轮纹病、霉心病、锈病。②梨树：锈病、黑星病。③葡萄树：黑痘病、炭疽病、霜霉病。④柑橘树：溃疡病、炭疽病、黑星病。

[使用方法]

（1）防治苹果早期落叶病，于苹果落花后开始喷石灰倍量式波尔多液 200～240 倍液，半月喷 1 次，并和其他杀菌剂交替使用，共喷 3～4 次；防治苹果炭疽病、轮纹病，可在往年出现病果前 10～15 天喷石灰倍量式或多量式波尔多液 200 倍液，每 15～20 天喷 1 次，连喷 3～4 次，采果前 25 天停用；防治苹果霉心病，应在苹果显蕾期开始喷石灰倍量式波尔多液 200 倍液；防治苹果锈病，可在苹果园周围的桧柏上，喷洒石灰等量式波尔多液 160 倍液。以上间隔期均为 10～15 天。

（2）防治梨锈病和黑星病，在梨树花前、花后喷 1 次等量式波尔多液 160 倍液。

（3）防治葡萄黑痘病、炭疽病、霜霉病等病害，可喷石灰半量式波尔多液 160 倍液，每 12～15 天喷 1 次，间隔 7～10 天，共喷 2～4 次。

（4）防治柑橘溃疡病、炭疽病、黑星病等病害，在新梢抽出后，喷洒石灰倍量式或等量式波尔多液 200 倍液，间隔 7～10 天，连喷 2～3 次。

[注意事项]

（1）配制容器不能用金属器皿。

（2）喷过的药械要及时洗净，防止腐蚀。

（3）阴雨天、雾天、早晨露水未干时均不能使用，以免发生药害，喷药后如遇大雨须补喷。

（4）不能与石硫合剂等碱性农药混用，两药间隔期为 15～20 天。

（5）果实采收前 20 天停止使用。

（6）本剂对家蚕毒性大，桑园附近不宜使用。

（7）桃、杏、李等核果类果树对波尔多液敏感，一般不宜使用；苹果有的品种（金冠等）喷过波尔多液后幼果易产生果锈，不宜使用。

（8）波尔多液是保护剂，应在发病前使用。

（9）波尔多液对白粉病效果较差。

（10）配制时所用的石灰应选择色白、质轻、块状的生石灰或新鲜的熟石灰；硫酸铜最好是纯蓝色的，不夹带绿色或黄绿色杂质，并随配随用。

[配制方法] 按用水量一半溶化硫酸铜，另一半溶化生石灰，待完全溶化后，再将两者同时缓慢倒入备用的容器中，不断搅拌；也可用 10%～20% 的水溶化生石灰，80%～90% 的水溶化硫酸铜，待其充分溶化后，将硫酸铜溶液缓慢倒入石灰乳中，边倒边搅拌即成波尔多液。但切不可将石灰乳倒入硫酸铜溶液中，否则质量不好，防效较差。

四十三、氢氧化铜

[通用名称及其他名称] 通称氢氧化铜，又名可杀得 101、冠菌铜、冠菌清、猛杀得等。

[英文通用名称] copper（Ⅱ）hydroxide。

[作用特点] 氢氧化铜的杀菌作用主要靠铜离子，铜离子被萌

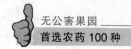

发的孢子吸收，当达到一定浓度时，就可以杀死孢子细胞，从而起到杀菌作用，但此作用仅限于阻止孢子萌发，也即仅有保护作用，对真菌性病害和细菌性病害有良好的防治效果。

[制剂类型] 氢氧化铜 53.8％、77％可湿性粉剂，氢氧化铜 38.5％、53.8％干悬浮剂，氢氧化铜 57.6％干粒剂，氢氧化铜 25％、37.5％悬浮剂。

[防治对象] 适用于苹果、梨、柑橘、葡萄等作物真菌和细菌病害的防治，如霜霉病、白粉病、叶斑病、炭疽病、细菌性角斑病等，必须在病害发生前期或早期施药，才能收到良好的防治效果。

[使用方法]

(1) 防治柑橘树溃疡病，使用 77％氢氧化铜可湿性粉剂 400～600 倍液，于发病初期开始喷药，一般喷药 4～5 次，间隔 7～10 天施 1 次药，可视病情轻重程度而定。一般在柑橘谢花期、幼果期，幼果直径 0.8～1 厘米、1.5～2.3 厘米时施药，秋梢从抽发 2～3 厘米时开始施药。

(2) 防治苹果轮纹烂果病、炭疽病、褐斑病等，可在苹果生长中后期喷洒 77％氢氧化铜可湿性粉剂 600～800 倍液，7～10 天施 1 次药，连喷 3 次。

(3) 防治梨黑星病、黑斑病，在发病初期，用 77％氢氧化铜可湿性粉剂 600 倍液喷雾，视病情间隔 7～10 天，连续喷 3～4 次。

(4) 防治葡萄黑痘病、霜霉病，喷 77％氢氧化铜可湿性粉剂 400～600 倍液，间隔 10～14 天，连续喷 3～4 次。

[注意事项]

(1) 桃、李等果树对铜敏感，应禁用，苹果、梨花期及幼果期禁用。

(2) 须单独使用，避免与其他农药混用。

(3) 阴雨天气、有露水时不能喷药，由于铜的离解度及叶表面的渗透能力变化，易产生药害。

(4) 施药时宜在作物发病初期进行，发病后期效果较差，开花期慎用。

（5）对鱼类及水生生物有毒，应避免药液污染水源；对蚕有毒，不宜在桑树上使用。

四十四、邻烯丙基苯酚

[通用名称及其他名称] 邻烯丙基苯酚，又名银果、绿帝。

[英文通用名称] 2-allyc·phenol。

[作用特点] 邻烯丙基苯酚为高效、低毒、广谱杀菌剂，是我国第一个自行开发研制的拥有自主知识产权的拟银杏提取液的植物源农用杀菌剂，广泛应用于果树、蔬菜及大田作物，取得了很好的效果。银果主要以触杀、熏蒸作用为主，同时可渗透到植物组织内部，杀死侵入其内部的病菌，控制病害，保护新的部位不受侵害，具有杀菌、抑菌的双重作用。银果为合成的拟银杏提取液的植物源农药，它继承了化学农药的高效性，摒弃了其毒性高、残留高等特点，并弥补了植物农药作用缓慢的特点。是低毒、低残留、无"三致"作用的绿色农药，对人、畜和作物安全，适合于绿色食品的生产和开发，在建议剂量下使用不但对作物生长无抑制作用，经初步测定还能促进作物发育。

[制剂类型] 邻烯丙基苯酚95％原药、10％乳油、20％可湿性粉剂。

[防治对象] 杀菌谱广，对几乎所有的真菌病害都有效，在果树上主要用于防治草莓灰霉病和白粉病等病害；果树轮纹病、落叶病、黑星病等叶、果病害；果树腐烂病、轮纹病等枝干病害。

[使用方法]

（1）防治草莓灰霉病和白粉病等病害，在病始发期开始用药，每667米^{2}用20％可湿性粉剂40～65克，对水40千克喷雾，间隔7～9天喷药1次，连续喷2～3次，效果显著。

（2）防治果树轮纹病、落叶病、黑星病等叶、果病害，在病害始发期开始用10％乳油，浓度为600～1 000倍液喷雾。

（3）防治果树腐烂病、轮纹病等枝干病害，在冬季用95％原药以40～60倍液涂抹；腐烂病或在春天萌芽前，秋天落果后、落

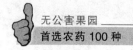

叶前，在病斑处烂刀划段，对 3～5 倍液涂抹，病皮一般 4～5 天干裂，愈合较快。

[注意事项]

（1）花生、大豆等作物对该药敏感，果园间作该类作物慎用。

（2）请严格按推荐浓度用药。

（3）保质期为 2 年。

四十五、戊唑醇

[通用名称] 戊唑醇。

[英文通用名称] tebuconazole。

[作用特点] 本品属三唑类杀菌剂，是甾醇脱甲基化抑制剂。抑制病菌细胞膜上麦角甾醇的去甲基化，使病菌无法形成细胞膜，从而杀死病菌。戊唑醇具有内吸性，还可促进作物生长，使根系发达、叶色浓绿、植株健壮，从而提高产量。

[制剂类型] 戊唑醇 6％胶悬剂，戊唑醇 25％水乳剂，戊唑醇 43％悬浮剂。

[防治对象] 香蕉叶斑病、苹果斑点落叶病、梨黑星病和葡萄灰霉病等。

[使用方法]

（1）每公顷用有效成分 100～250 克喷雾，可防治葡萄灰霉病、白粉病以及香蕉叶斑病。

（2）防治苹果斑点落叶病和梨黑星病，通常在发病初期开始喷药。防治苹果斑点落叶病时，每隔 10 天喷药 1 次，春季共喷药 3 次，或秋季喷药 2 次，用 43％悬浮剂 5 000～8 000 倍液或每 100 升水加制剂 12.5～20 毫升喷雾。防治梨黑星病时，每隔 15 天喷药 1 次，共喷药 4～7 次，用制剂 3 000～5 000 倍液或每 100 升水加制剂 20～33.3 毫升喷雾。

[注意事项] 使用前充分摇匀，先对成母液，再与常用药剂现配现用。

四十六、噁唑菌酮

[通用名称及其他名称] 通称噁唑菌酮，又称易保。

[英文通用名称] famoxadone。

[作用特点] 杜邦易保是由噁唑烷二酮和代森锰锌复配而成的一种保护性杀菌剂。具有多作用点杀死病原菌，并能抑制病原菌体内丙酮酸氧化的功能，因而防病效果较好。本药最大特色是有极强的耐雨水冲刷和雨后再分布能力，药后 4 小时，有 80%～90%有效成分迅速渗入植物体内，并能和叶表皮蜡质层紧密结合成一层保护膜，还可及时修补破损的保护膜，因而药后遇雨无需再喷药。该药剂药效发挥快，喷药后 15 秒钟就能杀死病菌；持效期长，可达 12～15 天。对人、畜、蜜蜂、天敌昆虫、鸟类、鱼类等毒性低。该药剂具有高效、低毒、残效期长、杀菌谱广、病菌不易产生抗性、对植物安全等优点，并对果树有刺激生长作用。

[制剂类型] 噁唑菌酮 68.75%水分散粒剂。

[防治对象] ①苹果树：斑点落叶病、轮纹病、炭疽病；②梨树：黑星病、黑斑病；③葡萄树：霜霉病、黑痘病、炭疽病、白腐病、褐斑病、黑腐病。

[使用方法]

（1）防治苹果斑点落叶病，用 68.75%杜邦易保水分散粒剂 1 500 倍液，于苹果春梢和秋梢生长期各喷 2 次，用药间隔期 15 天左右，兼治苹果轮纹病和炭疽病。

（2）防治梨黑星病和黑斑病，用 68.75%杜邦易保水分散粒剂 1 500 倍液在梨落花期、幼果期和采收前各喷 1 次。

（3）防治葡萄霜霉病、黑痘病和炭疽病等病害，从病害发生初期，直至采收前，均用 68.75%杜邦易保水分散粒剂 1 200 倍液喷雾防治，共喷 3～4 次，用药间隔期为 7～10 天。

[注意事项]

（1）本品为保护性杀菌剂，应在发病前或发病始期开始喷药效

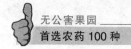
果才好。

（2）该药剂不要连续使用，全年用药次数一般不要超过 4 次，应与其他杀菌剂交替使用，以防止病菌产生抗药性。

（3）不能与波尔多液等碱性农药混用。

四十七、氟硅唑

[通用名称及商品名] 氟硅唑，商品名为福星。

[英文通用名称] flusilazole。

[作用特点] 氟硅唑是一种新型、高效、低毒、广谱内吸性杀菌剂。该药一经喷布于作物，能迅速被叶面吸收后进行双向传导，把已经侵入的病原菌和孢子杀死，并且能够保护杀菌 15～20 天，同时有保护、治疗和铲除作用。杜邦福星作用谱广、迅速，药效持久，该药对大部分病原真菌均有较好的防效，尤其对子囊菌、担子菌及部分半知菌类病菌的防效尤为优异；喷药后能迅速渗入植物体内，抑制菌丝生长，并能避免雨水的冲刷，8 小时遇雨不影响药效。杜邦福星对人、畜低毒，不伤害天敌和有益生物。

[制剂类型] 氟硅唑 40％乳油。

[防治对象] ①梨树：黑星病、锈病。②苹果树：斑点落叶病、锈病、轮纹病、炭疽病。③桃树：桃疮痂病、黑星病。④葡萄树：白粉病、黑痘病、房枯病。

[使用方法]

（1）防治梨黑星病和锈病等病害，用 40％乳油 8 000～10 000 倍液，在梨黑星病发生初期开始喷药，每隔 7～10 天喷 1 次，连续喷 4～6 次，当病害发生高峰期，喷药的间隔期可适当缩短。

（2）防治苹果斑点落叶病、锈病、轮纹病和炭疽病等病害，用 40％乳油 8 000～10 000 倍液，于苹果春梢和秋梢生长期各喷 1 次。

（3）防治桃疮痂病和黑星病等，在发病初期，用 40％乳油 8 000～1 0000 倍液进行喷雾防治。

（4）防治葡萄白粉病、黑痘病和房枯病等病害，用 40％乳油

8 000～1 0000 倍液，自发病初期至采收前，每隔 10 天左右喷 1 次药，共喷 2～4 次。

[注意事项]

（1）该药混用性能好，可与大多数杀菌剂和杀虫剂混用，但不能和强酸或碱性农药混用。

（2）为避免病菌产生抗性，要与其他杀菌剂交替使用。

（3）喷雾时加入优质的展着剂，则防效更佳。

（4）酥梨品种在幼果期对此药敏感，在落花后 2 周内慎用。

（5）氟硅唑含有有机硅，用该药处理的果树叶片浓绿，果实着色好，糖分提高，减少生理落果。

四十八、烯酰吗啉

[通用名称及其他名称] 通称烯酰吗啉，又名安克、专克、安玛、绿捷等。

[英文通用名称] dimethomorph。

[作用特点] 烯酰吗啉是一种新型内吸治疗性专用低毒杀菌剂，其作用机制是破坏病菌细胞壁膜的形成，引起孢子囊壁的分解，而使病菌死亡。除游动孢子形成及孢子游动期外，对卵菌生活史的各个阶段均有作用，尤其对孢囊梗和卵孢子的形成阶段更敏感，若在孢子囊和卵孢子形成前用药，则可完全抑制孢子的产生。该药内吸性强，根部施药，可通过根部进入植株的各个部位；叶片喷药，可进入叶片内部。与甲霜灵等苯酰胺类杀菌剂没有交互抗性。属低毒杀菌剂，对皮肤无刺激性，对眼有轻微刺激，无致突变、致畸和致癌作用，对鱼中等毒性，对蜜蜂低毒，对家蚕无毒害作用，对鸟低毒。

[制剂类型] 烯酰吗啉 25％、50％可湿性粉剂，烯酰吗啉 40％水分散粒剂，烯酰吗啉 10％水乳剂。

[防治对象] 适用于葡萄、荔枝等果树，主要用来防治葡萄霜霉病、荔枝霜疫霉病等。

[使用方法]

（1）防治葡萄霜霉病 667 米^2 用 69％烯酰吗啉可湿性粉剂

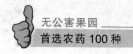
133～167 克，对水 150～200 千克喷雾。

（2）防治荔枝霜疫霉病，每 667 米² 用 69％烯酰吗啉可湿性粉剂 167 克，对水 80～100 千克，在发病之前或发病初期喷药，间隔 7～10 天喷 1 次，连续喷药 3～4 次。

［注意事项］每季作物使用不要超过 4 次，可与不同作用机制的其他杀菌剂交替使用。

四十九、代森锰锌

［通用名称及其他名称］通称代森锰锌，又称百利安、爱富森、速克净、新锰生、喷克、比克。

［英文通用名称］mancozeb。

［作用特点］代森锰锌是代森锰和锌离子的络合物，属有机硫类保护性杀菌剂。它可抑制病菌体内丙酮酸的氧化，从而起到杀菌作用；具有高效、低毒、低残留、杀菌谱广、病菌不易产生抗性等特点，它与其他内吸性杀菌剂混配可延缓抗性的产生；同时对果树缺锰、缺锌有治疗作用。缺点是遇酸或碱易分解，高温及强光照射下更易分解，不溶于水及大多数有机溶剂，容易燃烧。

［制剂类型］代森锰锌 70％、80％、50％可湿性粉剂。

［防治对象］①苹果树：斑点落叶病、轮纹病、炭疽病、锈病和霉心病。②梨树：黑星病。③桃树：细菌性穿孔病、疮痂病。④葡萄树：霜霉病、黑痘病、炭疽病。⑤猕猴桃蒂腐病。

［使用方法］

（1）防治苹果斑点落叶病、轮纹病、炭疽病、锈病和霉心病等病害，用 70％或 80％代森锰锌可湿性粉剂 600～800 倍液喷雾，发病前和发病初期用药，以后每隔 7～10 天喷 1 次，一般 3～5 次即可，喷药时随搅拌随用，以减少沉淀产生，同时可与其他杀菌剂交替使用。

（2）防治梨黑星病，在病害发生初期，用 80％代森锰锌可湿性粉剂 600 倍液喷雾，以后根据病害发生情况喷 2～3 次，每隔 7～10 天喷 1 次。

（3）防治桃细菌性穿孔病和疮痂病，用 70％代森锰锌可湿性粉剂 800～1 000 倍液喷雾，病害发生前和发病初期用药，以后每隔 7～10 天喷 1 次。

（4）防治葡萄霜霉病、黑痘病和炭疽病等病害，用 70％或 80％代森锰锌可湿性粉剂 600～800 倍液喷雾，果树发病前和发病初期用药，以后每隔 7～10 天喷 1 次，一般 3～5 次即可。

（5）防治猕猴桃蒂腐病，在猕猴桃开花后期和采收前各喷药 1 次，浓度为 70％代森锰锌可湿性粉剂 600～800 倍液。

[注意事项]

（1）不能与碱性（石硫合剂、波尔多液）农药或含铜药剂混用。

（2）对鱼有毒，不可污染水源。

（3）第一次喷药要在病害发生前或初期使用。

（4）收获前 15 天停用。

（5）贮存本药剂时要注意防潮，密封保存于干燥阴冷处，以防分解失效。

（6）施药时要注意个人保护，施药后及时用肥皂洗手、洗脸。

五十、代森锌

[通用名称及其他名称] 通称代森锌，又名帕什特。

[英文通用名称] zineb。

[作用特点] 代森锌是一种叶面喷洒用的保护性杀菌剂，其有效成分在水中易被氧化成异硫氰化物，对病原体内含 SH‑基的酶有强烈抑制作用，并能直接杀死病菌孢子，抑制孢子萌发，阻止细菌侵入体内。但对已侵入植物体内的病原菌丝体的杀死作用很小，因此应在危害始见期用药，效果好。代森锌的药效期短，在光照及吸收空气中的水分后分解较快，其残效期约 7 天。代森锌是一种有机硫杀菌剂，稍有特殊硫黄气味，不溶于水和大多数有机溶剂，在碱性介质中不稳定，吸湿性强，在水中悬浮性好，有黏着性，对人、畜毒性很低，但对黏膜有刺激作用，对植

105

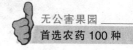
物安全。

[制剂类型]代森锌 65％、80％可湿性粉剂。

[防治对象]①苹果树和梨树：黑星病、黑痘病、褐斑病、黑斑病、霉点病、锈病、炭疽病。②葡萄树：黑腐病、软腐病、霜霉病、黑痘病、炭疽病、褐斑病。③桃树：褐腐病、疮痂病、缩叶病、穿孔病、锈病。④杏、李穿孔病。

[使用方法]

（1）防治苹果、葡萄、杏、李等果树的上述病害，在病害发生前喷 65％可湿性粉剂 400～500 倍液，或 80％可湿性粉剂 500～700 倍液，每隔 10～15 天喷药 1 次，连续喷 2～3 次。

（2）防治梨黑星病，在发芽后开始喷药，每隔 10 天左右喷一次 65％可湿性粉剂 500 倍液，共喷 6～7 次。可兼治梨黑斑病。

（3）防治桃褐腐病和疮痂病，从落花后到春梢停止生长前，喷施 65％可湿性粉剂 600 倍液 2～3 次，可预防病菌侵染，并兼治炭疽病和穿孔病等病害。

[注意事项]

（1）本药不能与碱性药剂及含铜制剂混用。

（2）本剂为保护性杀菌剂，在病害发生较重时施用效果不良，故应在病害发生初期使用，效果明显。

（3）药剂应贮存在干燥、避光通风良好的仓库中，防止吸潮。

（4）本剂对黏膜有刺激，施药时应防止药液进入眼、口、鼻中。

五十一、代森铵

[通用名称]代森铵。

[英文通用名称]amobam。

[作用特点]代森铵是具有保护和治疗作用的杀菌剂，代森铵水溶液能渗入植物组织，杀菌力强，在植物体内分解后还有肥效作用。代森铵易溶于水，微溶于酒精、丙酮，不溶于苯等有机溶剂，

在空气中不稳定，温度高于 40℃易分解，不宜与碱性物质混合。对人、畜安全，对鱼类毒性低，遇酸性物质易分解。

[制剂类型] 代森铵 45％、50％水剂。

[防治对象] ①苹果树：白绢病、白纹羽、紫纹羽等根部病害和早疫病；②梨黑星病；③桃褐腐病及果树苗期立枯病。

[使用方法]

（1）防治苹果白绢病、白纹羽、紫纹羽等根部病害，应在发病初期用 45％代森铵水剂 400 倍灌根；防治苹果早疫病，用 45％代森铵水剂 250 倍液进行土壤消毒。

（2）防治梨黑星病，在发芽后开始喷药，每隔 15 天左右喷一次 50％代森铵水剂 1 000 倍液，共喷 3～4 次。

（3）防治桃褐腐病，桃树落花后 10 天至采收前 1 个月，每隔 15 天左右喷 50％代森铵水剂 1 000 倍液 1 次，注意和其他杀菌剂交替使用。

（4）防治苗期立枯病，用 45％代森铵水剂 300～400 倍液在发病初期泼浇土壤。

[注意事项]

（1）不能与波尔多液、石硫合剂等碱性及含铜制剂混用。

（2）此药剂为保护性杀菌剂，病害发生初期用本剂效果更佳。

（3）施药后应立即用肥皂水洗手、洗脸，以免沾染药液留有黑色斑点。

（4）本剂应贮存在干燥、避光和通风良好的地方，运输时避免日晒，以免分解。

五十二、甲基硫菌灵

[通用名称及其他名称] 通称甲基硫菌灵，又称甲基托布津、托布津- M、菌真清、丰瑞。

[英文通用名称] thiophanate-methyl。

[作用特点] 甲基硫菌灵是有机杂环类内吸性杀菌剂，兼有保护和治疗作用；可向顶部传导，内吸作用好于多菌灵；甲基托布津

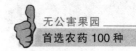

被植物吸收后即转化为多菌灵，它主要干扰病菌菌丝的形成，影响病菌细胞分裂，使细胞壁中毒，孢子萌发长出的芽管畸形，从而杀死病菌。甲基托布津属高效、低毒、低残留、广谱性杀菌剂，具有内吸、预防和治疗作用，药效稳定，残效期长。

[制剂类型]甲基硫菌灵50%、70%可湿性粉剂，甲基硫菌灵36%悬浮剂，甲基硫菌灵50%胶悬剂。

[防治对象]①苹果树：轮纹病、炭疽病、霉心病、白粉病和苹果早期落叶病。②梨树：轮纹病和黑星病。③葡萄树：黑痘病、炭疽病、灰霉病、白腐病和褐纹病。④桃褐腐病和炭疽病。⑤柑橘疮痂病、炭疽病、树脂病和青霉病、绿霉病。⑥香蕉褐缘灰斑病、炭疽病和黑星病。⑦芒果蒂腐病。

[使用方法]

（1）防治苹果轮纹病、炭疽病、霉心病、白粉病和早期落叶病，在病害发生初期，用70%可湿性粉剂800～1 200倍液喷雾，每隔7～10天喷药1次。

（2）防治梨轮纹病和黑星病，在梨树萌芽期用70%可湿性粉剂800～1 500倍液喷第一次药，落花后喷第二次，共喷3～4次，每次间隔7～10天。

（3）防治葡萄黑痘病、炭疽病、灰霉病、白腐病和褐纹病，在葡萄展叶后到果实着色前，使用70%可湿性粉剂800～1 200倍液喷雾，每隔10～15天喷药1次。

（4）防治桃褐腐病和炭疽病，在病害发生初期（桃套袋前），用70%可湿性粉剂800～1 500倍液喷雾，间隔7～10天再喷1次。

（5）防治柑橘疮痂病、炭疽病、树脂病和香蕉褐缘灰斑病、炭疽病、黑星病，在病害发生初期，用50%可湿性粉剂800～1 000倍液喷雾。

（6）防治芒果蒂腐病，在病害发生初期，用70%可湿性粉剂500倍液喷雾。

（7）用50%可湿性粉剂1 000倍液，在柑橘果实采收后浸果，时间不超过2分钟，取出沥干后贮存，防治柑橘贮藏期青霉病、绿霉病。

[注意事项]

(1) 不能与碱性农药和含铜制剂混用，甲基硫菌灵长期单一使用易使病菌产生抗药性，要与其他杀菌剂交替使用，但不可和多菌灵、苯菌灵交替使用。

(2) 甲基托布津对人体每日允许摄入量（ADI）为 0.08 毫克/千克，要求收获前 14 天内禁止使用。

(3) 对皮肤和眼睛有刺激作用，应避免接触皮肤和眼睛。

(4) 贮存于阴凉、干燥处。

五十三、甲霜灵

[通用名称及其他名称] 通称甲霜灵，又称瑞毒霉、雷多米尔、阿普隆、甲霉安、米达乐、立达霉。

[英文通用名称] metalaxyl。

[作用特点] 甲霜灵属苯基酰胺类高效、低毒、低残留、内吸性杀菌剂，其内吸和渗透力很强，施药后 30 分钟即可在植物体内上下双向传导，对病害植株有保护和治疗作用，且药效持续期长，主要抑制病菌菌丝体内蛋白质的合成，使其营养缺乏，不能正常生长而死亡。对人、畜低毒，对鱼类、蜜蜂和天敌安全；耐雨水冲刷，持效期长。

[制剂类型] 甲霜灵 25%、50% 可湿性粉剂。

[防治对象] ①苹果疫病、根瘤病、茎腐病。②葡萄霜霉病。

[使用方法]

(1) 防治苹果疫病、根瘤病和茎腐病，在病害发生初期，将根茎发病部位的树皮刮除，然后涂抹 50% 甲霜灵可湿性粉剂 50～100 倍液。

(2) 防治葡萄霜霉病，在田间刚发现病斑时，立即喷 25% 甲霜灵可湿性粉剂 500～800 倍液，每 10～15 天喷 1 次。

[注意事项]

(1) 可与多种杀虫、杀菌剂混用，应与其他杀菌剂交替使用，

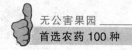

以免产生抗性。

（2）该药对人的皮肤有刺激性，要注意保护。

（3）贮存于通风、干燥处，不要与杀虫剂、除草剂放在一起。

（4）甲霜灵人体每日允许摄入量（ADI）是0.03毫克/千克，采收前15天禁止使用。

五十四、嘧霉胺

[通用名称及其他名称] 通称嘧霉胺，又名施佳乐、甲基嘧啶胺。

[英文通用名称] pyrimethanil。

[作用特点] 嘧霉胺是一种新型杀菌剂，嘧霉胺同三唑类、二硫代氨基甲酸酯类、苯并咪唑类及乙霉威等无交互抗性，对敏感或抗性病原菌均有优异的活性。由于其作用机理与其他杀菌剂不同，因此，嘧霉胺可防治对常用的非苯胺基嘧啶类杀菌剂已产生抗药性的灰霉病菌。嘧霉胺具有内吸、传导和熏蒸作用，施药后迅速到达植株的花、幼果等喷药无法达到的部位杀死病菌，药效快而稳定，且药受温度变化影响很小，在相对较低的温度下施用，仍具有较好的防治效果。

[制剂类型] 嘧霉胺20％、30％、37％、40％悬浮剂，嘧霉胺70％水分散粒剂，嘧霉胺25％、40％可湿性粉剂，嘧霉胺12.5％乳油。

[防治对象] 适用于苹果、梨、葡萄、草莓等果树，对灰霉病有特效，对梨、苹果黑星病、斑点落叶病等也具有良好的防治效果。

[使用方法]

（1）防治葡萄灰霉病，在发病初期喷40％嘧霉胺悬浮剂1 000～1 500倍液；防治草莓灰霉病，在发病初期，用40％嘧霉胺悬浮剂1 000～1 250倍液。

（2）通常在发病前或发病初期施药。667米^{2}用有效成分通常为40～67克。

[注意事项]

（1）一个生长季节防治灰霉病需施药 4 次以上，应与其他杀菌剂轮换使用，避免产生抗性。

（2）在草莓上的安全间隔期为 3 天。

五十五、硫黄悬浮剂

[通用名称及其他名称] 通称硫黄悬浮剂，又称硫悬浮剂、硫粉病灵、保叶灵。

[英文通用名称] sulfur。

[作用特点] 硫黄悬浮剂是由硫黄粉经特殊加工制成的一种胶悬剂，是一种无机硫杀菌剂，具有杀菌和杀螨的作用，其黏着性能好，药效长，耐雨水冲刷，使用方便，长期使用不易产生抗性；对人、畜低毒，不污染作物，除对捕食螨有一定影响外，不伤害其他天敌；本剂属保护性杀菌剂，主要防治果树上的白粉病和锈螨。

[制剂类型] 硫黄 45%、50%悬浮剂。

[防治对象] ①苹果树：苹果白粉病、锈病、花腐病、山楂叶螨、苹果全爪螨。②梨白粉病。③葡萄白粉病。④山楂白粉病。⑤柑橘锈壁虱。

[防治方法]

（1）防治苹果白粉病，于开花前（芽长到 1 厘米左右），嫩叶尚未开展时，用 50%硫悬浮剂 200 倍液喷雾 1 次，落叶 70%～80%时喷 300 倍液 1 次，重病园在落花后再喷 1 次 300～400 倍液，并可兼治苹果锈病、苹果花腐病，山楂叶螨和苹果全爪螨；生长季节防治红蜘蛛，气温在 30℃以下时用 50%硫悬浮剂 200 倍液，30～35℃用 400～500 倍液喷雾。

（2）防治梨和葡萄白粉病，在发芽后或发病初期开始喷 50%硫悬浮剂 200～400 倍液，每 7～10 天喷 1 次，连喷 2～3 次。

（3）防治山楂白粉病，在发病初期用 50%硫悬浮剂 150～200 倍液喷雾，效果好。

（4）防治柑橘锈壁虱，在个别枝有少数锈壁虱出现为害时喷

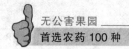

雾，药液浓度为 300～600 倍液，共喷药 2～3 次，每次间隔期 7～10 天。

[注意事项]

（1）为防止发生药害，在气温较高的季节应早、晚施药，避免中午施药，气温高于 32℃或低于 4℃均不宜使用。

（2）不能与波尔多液、机油乳剂等混用，喷上述药剂后 15 天方可喷硫悬浮剂。

（3）桃、李、杏、葡萄对硫黄敏感，使用时应降低浓度和施药次数，并避免在果实成熟期使用，以免发生药害。

（4）本剂长期贮存会出现分层现象，使用时要注意摇匀后再加水稀释。

（5）要在阴凉干燥处贮存，严禁在太阳光下直接曝晒，并要远离火源。

（6）本剂属保护剂，应在发病初期施用，一般连施 2 次，间隔期 7～10 天，病害普遍发生应使用其他治疗剂。

五十六、烯唑醇

[通用名称及其他名称] 通称烯唑醇，又名速保利。

[英文通用名称] diniconazole。

[作用特点] 该药是一种具有保护、治疗、铲除和内吸向顶端传导作用的广谱杀菌剂。对由子囊菌、担子菌和半知菌引起的植物病害具有极好的防效。属三唑类杀菌剂，在真菌的麦角甾醇生物合成中抑制 14α-脱甲基化作用，引起麦角甾醇缺乏，导致真菌细胞膜不正常，最终死亡。持效期长久。对人、畜、有益昆虫、环境安全。

[制剂类型] 烯唑醇 12.5％可湿性粉剂。

[防治对象] 主要用于防治梨黑星病，葡萄黑痘病、白腐病，桃疮痂病等。

[使用方法]

（1）防治梨黑星病，梨树落花后 10 天开始喷第一次药，可用

12.5％烯唑醇可湿性粉剂 2 000 倍液，以后每隔 10～15 天喷 1 次，春季喷 1～2 次。干旱年份可酌情少喷。果实采收前的 1 个月内是第二个防治关键时期，也要喷施 1～2 次。注意和其他药剂交替使用。

（2）防治葡萄黑痘病、白腐病，在 4 月下旬葡萄抽新梢时第一次施药，喷施 12.5％烯唑醇可湿性粉剂 2 500 倍液防治，以后分别在 7 月中旬果实膨大期和 8 月上旬结果后期喷施 2 000 倍液防治。

（3）防治桃疮痂病，在桃坐果以后果实膨大期可以使用 12.5％烯唑醇可湿性粉剂 2 000 倍液喷雾，特别是降雨以后，要及时喷药，和其他杀菌剂交替使用 3～4 次，可以很好地控制桃疮痂病。

［注意事项］

（1）不可与碱性农药混用。

（2）注意和其他药剂交替使用。

五十七、腈菌唑

［通用名称］通称腈菌唑。

［英文通用名称］myclobutanil。

［作用特点］该药是一种具有保护、治疗、铲除和内吸向顶端传导作用的广谱杀菌剂。对由子囊菌、担子菌和半知菌引起的植物病害具有极好的防效。为麦角甾醇生物合成抑制剂，药效高，对人、畜低毒，不污染作物，对作物安全，持效期长。

［制剂类型］腈菌唑 12.5％可湿性粉剂。

［防治对象］主要用于防治梨黑星病、葡萄黑痘病、葡萄白腐病等。

［使用方法］

（1）防治梨黑星病，梨树落花后 10 天开始喷第一次药，可用 12.5％腈菌唑可湿性粉剂 2 000 倍液，以后每隔 10～15 天喷 1 次，春季喷 1～2 次。干旱年份可酌情少喷。果实采收前的 1 个月内为第二个防治关键时期，也要喷施 1～2 次。注意和其他药剂交替

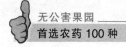
使用。

（2）防治葡萄黑痘病、白腐病，在4月下旬葡萄抽新梢时第一次施药，喷施2 500倍液防治，以后分别在7月中旬果实膨大期和8月上旬结果后期喷施2 000倍液防治。

［注意事项］

（1）不可与碱性农药混用。

（2）注意和其他药剂交替使用。

五十八、氯苯嘧啶醇

［通用名称及其他名称］通称氯苯嘧啶醇，又称乐必耕、异嘧菌醇。

［英文通用名称］fenarimol。

［作用特点］该药是一种用于叶面喷洒的具有预防和治疗作用的杀菌剂，是一种麦角甾醇生物合成抑制剂。它不能抑制病原菌的萌发，但是能抑制病原菌菌丝的生长、发育，致使其不能侵染植物组织。属于低毒性杀菌剂，对眼睛和皮肤无刺激作用，无慢性毒性，对鱼类毒性中等，对蜜蜂和鸟类低毒。

［制剂类型］氯苯嘧啶醇6％可湿性粉剂、氯苯嘧啶醇12％乳油。

［防治对象］①苹果树：炭疽病、白粉病。②梨树：黑星病、轮纹病、锈病。③葡萄白粉病。

［使用方法］

（1）防治梨轮纹病，落花后或幼果初形成前开始施药，以后每隔10天1次，用6％乐必耕可湿性粉剂1 000倍液均匀喷雾，开花期请勿施药；果实形成期间如干旱无雨则无须施药。

（2）防治梨黑星病、锈病，梨树落花10天开始喷第一次药，以后每隔10～15天1次，共4～5次。干旱年份可酌情少喷。果实采收前的1个月内是第二个防治关键时期，也要喷施1～2次。发病初期开始施药，每隔10天施药1次，用6％乐必耕可湿性粉剂1 000倍液均匀喷雾。

（3）防治苹果炭疽病，落花后 7～10 天开始用 6％乐必耕可湿性粉剂 1 000 倍液均匀喷雾，每隔 10～15 天喷药 1 次。注意与其他杀菌剂交替使用。

（4）防治苹果白粉病、葡萄白粉病，发病初期开始施药，每隔 10～14 天施药 1 次。用 6％乐必耕可湿性粉剂 1 000 倍液均匀喷雾。

［注意事项］

（1）在发病初期使用，要均匀喷洒。

（2）注意与其他杀菌剂交替使用。

（3）避免药液直接接触身体，药液溅入眼睛应立即用清水冲洗。

（4）存放在远离火源的地方。

五十九、肟菌酯

［通用名称及其他名称］通称肟菌酯。

［英文通用名称］trifloxystrobin。

［作用特点］肟菌酯是线粒体呼吸抑制剂，与吗啉类、三唑类、苯胺基嘧啶类、苯基吡咯类、苯基酰胺类如甲霜灵无交互抗性。由于肟菌酯具有广谱、渗透、快速分布等性能，故耐雨水冲刷性好、持效期长，因此被认为是第二代甲氧基丙烯酸酯类杀菌剂。肟菌酯主要用于茎叶处理，具有保护作用和一定的治疗作用，药效不受环境影响，应用最佳期为孢子萌芽和发病初期阶段。肟菌酯对作物安全，因其在土壤、水中可快速降解，故对环境安全。

［制剂类型］肟菌酯 7.5％、12.5％乳油，肟菌酯 25％、45％干悬浮剂，肟菌酯 25％、50％悬浮剂，肟菌酯 45％可湿性粉剂，肟菌酯 50％水分散粒剂等。

［防治对象］适用于葡萄、苹果、香蕉等作物。肟菌酯具有广谱的杀菌活性，除对白粉病、叶斑病特效外，对锈病、霜霉病、立枯病、苹果黑星病亦有很好的活性。

［使用方法］防治葡萄白粉病，在发病初期，用 25％肟菌酯悬

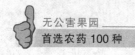

浮剂2 000倍液对葡萄白粉病有很好的防治效果；25％肟菌酯悬浮剂1 000倍液，对葡萄霜霉病有很好的预防作用；25％肟菌酯悬浮剂2 000倍液对苹果黑星病有很好的防治效果。

[注意事项] 肟菌酯对鱼类和水生生物高毒，在配药和施药时，应注意不要污染水源，禁止在河塘等水体中消洗施药器械。

六十、噻菌灵

[通用名称及主要商品名] 通用名称为噻菌灵，特克多、涕灭灵、腐绝。

[英文通用名称] thiabendazole。

[作用特点] 噻菌灵属高效、低毒、低残留内吸传导性广谱杀菌剂，具有预防和治疗作用，通过抑制真菌线粒体的呼吸作用和细胞增殖而达到杀菌效果。叶面喷雾对多种霉菌、镰刀菌、黑粉菌、白粉菌均有效，也用于果品采后保鲜，不影响果实风味。

[制剂类型] 40％和45％悬浮剂。

[防治对象] 苹果、梨、葡萄等灰霉病、炭疽病、黑星病、白粉病及果实采后防腐保鲜。

[使用方法]

(1) 苹果、梨、草莓保鲜：采收后的果实，在40％噻菌灵悬浮剂800倍液中浸没30秒钟，取出晾干后贮藏，可有效预防腐烂。

(2) 苹果、梨、葡萄等的灰霉病、炭疽病、黑星病、白粉病：收获前用45％悬浮剂450～700倍稀释液喷雾。

[注意事项]

(1) 本药不可和含铜农药混用。

(2) 注意和波尔多液、代森锰锌等药剂交替使用，以延缓抗药性产生。

(3) 与多菌灵和异菌脲等混用，均具明显的增效作用。

六十一、腐霉利

[通用名及主要商品名] 通用名为腐霉利，商品名有速克灵、

必克灵、克霉宁、灰霉灭、灰霉星。

[英文通用名称] procymidone。

[作用特点] 属广谱内吸性杀菌剂，具有预防和治疗作用。对在低温高湿条件下发生的各种作物的灰霉病、菌核病有显著防治效果。对葡萄孢属和核盘菌属所引起的病害具有特效。可以防治对甲基硫菌灵、多菌灵有抗性的病原菌。该药是高效、广谱内吸性环酰亚胺类杀菌剂，对病菌菌丝生长和孢子萌发有强烈的抑制作用。耐雨水冲刷，持效期长。

[制剂类型] 常用剂型为50%可湿性粉剂，10%、15%烟剂。

[防治对象] 草莓、葡萄、桃灰霉病。

[使用方法]

(1) 葡萄灰霉病：在初见病时用50%可湿性粉剂1 000~2 000倍药液喷雾，间隔7~10天，喷药1~2次。

(2) 苹果、桃、樱桃等褐腐病：于发病初期用50%可湿性粉剂1 000~2 000倍稀释药液喷雾。

[注意事项]

(1) 本药不用与碱性制剂混用，不宜与有机磷农药混配。

(2) 应注意和波尔多液、代森锰锌等药剂交替使用，以延缓抗药性产生。

六十二、中生菌素

[通用名称及其他名称] 通称中生菌素，又称农抗751。

[作用特点] 中生菌素是一种淡紫灰链霉菌海南变种产生的碱性、水溶性N-糖苷类农用抗生素杀菌剂。它可抑制病原菌菌体蛋白质的合成，并能使丝状真菌畸形，抑制孢子萌发和杀死孢子。该药具有广谱、高效、低毒、无污染等特点，对多种细菌及真菌病害具有较好的防治效果。

[制剂类型] 中生菌素1%水剂。

[防治对象] 主要用于防治苹果上的斑点落叶病、轮纹病、炭疽病。

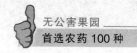
[使用方法] 防治苹果斑点落叶病、轮纹病、炭疽病，在发病初期喷药，用 1％中生菌素水剂 200～300 倍液喷雾，或用 1％中生菌素水剂和 80％喷克 1 000 倍液或 80％代森锰锌可湿性粉剂 1 000 倍液或 40％氟硅唑乳油 10 000 倍液混用，效果均佳。

[注意事项]

（1）不能与碱性农药混用。

（2）要与波尔多液等药剂交替使用。

（3）药剂要现配现用，不要久存。

六十三、农用链霉素

[通用名称] 通称农用链霉素。

[作用特点] 农用链霉素为放线菌所产生的代谢产物，杀菌谱广，特别是对细菌性病害效果较好，具有内吸作用，能渗透到植物体内，并传导到其他部位。农用链霉素是一种抗菌素药剂，外观为白色粉末，易溶于水。对人、畜低毒，对鱼类及水生生物毒性也很小。

[制剂类型] 农用链霉素 10％、5％、75％可湿性粉剂。

[防治对象] 苹果疫病、梨疫病、桃细菌性黑斑病、核果类果树细菌性穿孔病、枣缩果病、猕猴桃细菌性溃疡病、柑橘溃疡病。

[使用方法]

（1）防治苹果和梨疫病可用 10％农用链霉素可湿性粉剂 500～1 000 倍液，于病害发生初期喷雾或灌根。

（2）防治桃细菌性黑斑病，在展叶期、落花后和幼果期各喷 1 次 10％农用链霉素可湿性粉剂 1 500～2 000 倍液。

（3）防治核果类果树细菌性穿孔病，在展叶后用 10％农用链霉素可湿性粉剂 500～1 000 倍液，每隔 10 天喷 1 次，连喷 2～3 次。

（4）防治枣缩果病，在枣果膨大期，降雨以后可以使用 75％农用链霉素可湿性粉剂 7 000～8 000 倍液喷雾防治，晴好天气喷洒波尔多液，两者交替使用喷洒 3～4 次。

（5）防治猕猴桃细菌性溃疡病，在发病初期刮除病斑，用75％农用链霉素可湿性粉剂300倍液涂抹病斑，间隔5天涂抹1次，共涂6次。

（6）防治柑橘溃疡病，在展叶后用10％农用链霉素可湿性粉剂1 000～1 500倍液喷雾或灌根。

［注意事项］

（1）不能与碱性农药或污水混用，可与抗生素农药、有机磷农药混合使用。

（2）现配现用，药液不能久放，配药液时可加入少量中性洗衣粉以增强喷药效果。

（3）贮存于阴凉干燥处。

六十四、嘧啶核苷类抗菌素

［通用名称及其他名称］通称嘧啶核苷类抗菌素，也称农抗120、120农用抗菌素、抗霉菌素120。

［作用特点］该药属农用抗生素类杀菌剂，是一种广谱抗菌素，对许多植物病原菌有强烈的抑制作用。本品为吸水刺孢链霉菌北京变种的代谢产物，主要组分为核苷，它可直接阻碍病原菌蛋白质合成，导致病原菌死亡。对人、畜低毒，无残留，不污染环境，对作物和天敌安全，并有刺激植物生长的作用。农抗120纯品外观为白色粉末，易溶于水，不溶于有机溶剂，在酸性和中性介质中稳定，在碱性介质中不稳定；商品外观为褐色液体，无霉变结块，无臭味，沉淀物≤2％，pH 3～4，遇碱易分解；在两年贮存期内比较稳定，无残留，无污染，对人、畜及天敌安全。

［制剂类型］嘧啶核苷类抗菌素1％、2％、4％水剂。

［防治对象］①苹果白粉病、炭疽病和腐烂病。②葡萄白粉病。

［使用方法］

（1）防治苹果白粉病、炭疽病和葡萄白粉病等病害，应在病害发生初期使用该药，15～20天后，再喷药1次，如果病情严重，可以缩短喷药间隔期，用2％水剂200倍液，进行喷雾防治。

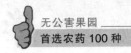

（2）防治苹果腐烂病等病害，应在晚秋或早春在刮治后的病斑上用 2％水剂 30 倍液涂抹进行消毒杀菌，注意要涂抹 2 次，最短间隔 15 天。

[注意事项]

（1）不能与碱性农药混用，其他杀虫剂、杀菌剂可混用。

（2）本剂虽属低毒杀菌剂，施药时还需注意安全，如不舒服，应请医生诊治。

（3）本剂应贮存于干燥、阴凉处，不要与食物及日用品一起贮存和运输。

六十五、多抗霉素

[通用名称及其他名称] 通称多抗霉素，又称多氧霉素、多效霉素、宝丽安、保利霉素、科生霉素等。

[英文通用名称] polyoxin。

[作用特点] 多抗霉素是一种广谱性农用抗生素类杀菌剂。它是金色链霉菌的代谢产物，主要组分为多抗霉素 A 和多抗霉素 B。该药有较好的内吸、传导作用；作用机制是干扰真菌细胞壁几丁质的生物合成，芽管和菌丝体接触药剂后，局部膨大，溢出细胞内含物，而不能正常发育，导致死亡，因此病斑不能扩展。该药低毒、无残留、对环境无污染，对天敌和植物安全。

[制剂类型] 多抗霉素 10％可湿性粉剂，多抗霉素 3％、2％、1.5％可湿性粉剂。

[防治对象] ①苹果树：斑点落叶病、霉心病、灰斑病。②梨树：黑星病、轮纹病。以及草莓灰霉病、葡萄灰霉病。

[使用方法]

（1）防治苹果斑点落叶病、霉心病和灰斑病等病害，用多抗霉素与波尔多液交替使用效果很好。苹果新梢生长期间，斑点落叶病侵染盛期，用 10％可湿性粉剂 1 000～2 000 倍液喷雾。初期和新梢基本停止生长期，喷波尔多液 3～4 次，效果好。

（2）防治梨黑星病和轮纹病等病害，在病害发生初期和盛期，用 10％可湿性粉剂 1 000～1 500 倍液喷雾，间隔 10 天左右，连喷 2～3 次，最好和波尔多液交替使用。

（3）防治草莓灰霉病，在草莓始花期用 10％可湿性粉剂 500～700 倍液喷雾，每隔 7 天喷 1 次，共 3～4 次。

（4）防治葡萄灰霉病，在葡萄始花期用 10％可湿性粉剂 500～700 倍液喷雾，每隔 7 天喷 1 次，共 2～3 次。

［注意事项］

（1）病菌对该药易产生抗性，在应用时应与其他药剂交替使用，全年用药次数不超过 3 次。

（2）不能与酸性或碱性药剂混合使用。

（3）密封贮存于干燥阴凉处。

六十六、井冈霉素

［通用名称及其他名称］通称井冈霉素，又称有效霉素。

［作用特点］井冈霉素是由吸水链霉菌井冈变种产生的水溶性抗生素（葡萄糖苷类化合物），由 A、B、C、D、E、F 6 个组分组成，其主要组分为 A 和 B。该药内吸性很强，虽不能直接杀死病菌，但可干扰或抑制菌体细胞的正常发育，从而起到治疗作用；耐雨水冲刷，药后 2 小时降雨对防效无明显影响，残效期 15～20 天，在任何生育期用药，均无药害。吸湿性强，在中性和微酸性条件下稳定，能被多种微生物分解，属高效、低毒杀菌剂，持效期长，耐雨水冲刷，使用安全，无残留，对人、畜低毒，对鱼类、蜜蜂安全，不污染环境。

［制剂类型］井冈霉素 0.33％粉剂，井冈霉素 3％、5％、10％水剂，井冈霉素 2％、3％、4％、5％、10％、12％、15％、17％、20％可溶性粉剂，井冈霉素 A5％可溶性粉剂。

［防治对象］苹果轮纹病、梨轮纹病、桃褐斑病和桃缩叶病、草莓芽枯病。

［使用方法］

（1）防治苹果轮纹病、梨轮纹病、桃褐斑病和桃缩叶病等病害，在发病初期，用井冈霉素 5％可溶性粉剂 1 000～1 200 倍液

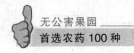
喷雾。

（2）防治草莓芽枯病，在发病初期使用井冈霉素 3％水剂 300 倍液喷雾，有一定的防治效果。

［注意事项］

（1）可与多种杀虫剂混用，也可与非碱性杀菌剂混用。

（2）安全间隔期 14 天。

（3）长期大量使用，病菌可产生抗药性，应与其他杀菌剂混用。

（4）注意防霉、防腐、防冻、防晒、防潮、防热，密封贮存。

六十七、春雷霉素

［通用名称及其他名称］通称春雷霉素，又称春日霉素、克死霉、加收米。

［英文通用名称］kasugamycin。

［作用特点］春雷霉素是一种小金色放线菌所产生的代谢物，是一种农医两用的抗生素，属低毒农用抗生素；春雷霉素是内吸性抗生素制剂，有预防和治疗作用，高效，持效期长；无致突变、致畸、致癌作用。对人、畜安全，对鱼和水生生物、蜜蜂低毒，对鸟类和家蚕毒性低。

［制剂类型］春雷霉素 2％、4％、6％可湿性粉剂，春雷霉素 2％液剂，春雷霉素 0.4％粉剂。

［防治对象］春雷霉素在果树上主要用于防治苹果、柑橘、猕猴桃等果树的真菌和细菌病害。

［使用方法］

（1）防治苹果黑星病，在病害发生期，用 2％春雷霉素可湿性粉剂 400 倍液喷雾防治。

（2）防治苹果银叶病，在病害发生期，用 2％春雷霉素可湿性粉剂 500 倍液吊针注射或主干打孔高压注射，均有较好的防治效果。

（3）防治柑橘流胶病，刮除病部后或用利刀纵刻病斑后，涂抹

4%春雷霉素可湿性粉剂 5～8 倍液，涂后用塑料薄膜包扎，防止雨水冲刷。

（4）防治猕猴桃溃疡病，4 月中下旬叶片出现症状时，喷布2%春雷霉素可湿性粉剂或 2%加收米液剂 400 倍液，有较好的防治效果。

［注意事项］

（1）连续数年单一施用春雷霉素，病菌会产生抗药性，最好与其他农药混用或轮换施用。

（2）药液应现配现用，树冠喷雾时应加入适量的洗衣粉，增强展着力，以提高防治效果。注意喷雾对柑橘、葡萄、苹果会有轻微药害。

（3）树冠喷药 6 小时后下雨，对药效影响不大，若在 5 小时以内降雨，则需补喷。

（4）人员误服本剂可饮大量食盐水催吐；药剂直接接触皮肤时，应用肥皂水洗净。

（5）本药剂应密封贮存于阴凉干燥处。

六十八、腐殖酸

［通用名称及其他名称］腐殖酸，又名腐必治、843 康复剂。

［作用特点］该药是由腐殖酸、中药材和化学药剂等复配而成的一种杀菌剂。该制剂具有保护树体、不烧伤皮下组织、增强树体内营养输导和促进愈合能力、复发率低等特点，是一种高效、低毒、低残留杀菌剂。

［制剂类型］腐殖酸 4% 水剂、腐殖酸 2% 乳油。

［防治对象］①苹果树腐烂病、轮纹病、干腐病。②梨树腐烂病、轮纹病。③桃腐烂病。④修剪剪口的封口剂。⑤枝干流胶病。

［使用方法］

（1）防治苹果树腐烂病、轮纹病、干腐病等枝干病害，在冬、春季彻底刮除病斑后，用毛刷将腐殖酸均匀涂抹在病斑上，10～15天再涂 1 次；如病情较重，在夏季发病期再涂抹 1 次，一般涂抹后

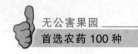

20～40 天伤口开始愈合，并长出新组织。

（2）防治梨树腐烂病和轮纹病，在冬、春季彻底刮除病斑后，用毛刷将腐殖酸均匀涂抹在病斑上，10～15 天再涂 1 次；如病情较重，在夏季发病期再涂抹 1 次，一般涂抹后 20～40 天伤口开始愈合，并长出新组织。

（3）防治桃的腐烂病，宜在冬季桃树落叶后刮除病斑，用腐殖酸均匀涂抹病斑处，7～10 天后再涂抹 1 次。

（4）用作整形修剪时的封口剂，在修剪后的伤口上用腐殖酸涂抹，既可预防腐烂病病菌的侵染，又能加速伤口愈合速度；尤其是风大干旱地区和伤口较大的剪口，更应涂抹。

（5）防治枝干流胶病，刮净病斑后，涂抹 843 康复剂原液，防止继续流胶。

[注意事项]
（1）不能与酸性农药混用。
（2）夏季使用该药时，为防雨水冲刷，可用塑料布包扎伤口。

六十九、多菌灵

[通用名称及其他名称] 通称多菌灵，又称苯并咪唑 44 号、棉萎灵、菌立安、黑星清、枯萎立克、菌治灵、双菌清等。

[英文通用名称] carbendazim。

[作用特点] 多菌灵属苯并咪唑类，是一种高效、低毒、广谱、低残留的内吸性杀菌剂。对许多子囊菌和半知菌有效，而对卵菌和细菌引起的病害无效；具保护和治疗作用，其作用机制是干扰病原菌的有丝分裂中纺锤体的形成，影响细胞分裂。多菌灵对热稳定，对酸、碱不稳定。

[制剂类型] 多菌灵 25％、50％可湿性粉剂，多菌灵 40％悬浮剂。

[防治对象] ①苹果树：苹果褐斑病、轮纹病、炭疽病和早期落叶病。②梨黑星病。③葡萄黑痘病、炭疽病和白腐病。④桃褐斑病和疮痂病。

[使用方法]

(1) 防治苹果褐斑病、轮纹病、炭疽病和早期落叶病,在病害发生初期,使用25％可湿性粉剂250～400倍液喷雾,每隔7～10天喷药1次,连续施药2～3次。

(2) 防治梨黑星病,在梨树萌芽期用50％可湿性粉剂500倍液喷第一次药,落花后喷第二次,视病发生情况,共喷3～4次,每次间隔7～10天。

(3) 防治葡萄黑痘病、炭疽病和白腐病,在葡萄展叶后到果实着色前,使用25％可湿性粉剂250～500倍液喷雾,每隔10～15天喷药1次。

(4) 防治桃褐斑病和疮痂病,在病害发生初期(桃套袋前),用25％250～400倍液喷雾,间隔7～10天再喷1次,连续喷2～3次。

[注意事项]

(1) 多菌灵可与一般杀菌剂混用,但与杀虫剂、杀螨剂混用时要随配随用,不能与碱性农药和含铜制剂混用。

(2) 稀释的药液静置后会出现分层现象,需要摇匀后使用。

(3) 长期使用易产生抗性,应与其他杀菌剂混用或轮换使用,但不能与硫菌灵、甲基托布津、苯菌灵等与多菌灵有交互抗性的杀菌剂交替使用。

(4) 应密封存贮于阴凉、干燥处。

七十、百菌清

[通用名称及其他名称] 通称百菌清,又名打克尼尔、霉必清、霜疫净、克劳优等。

[英文通用名称] chlorothalonil。

[作用特点] 百菌清属取代苯类的非内吸性广谱杀菌剂,兼有保护和治疗作用,具有一定熏蒸作用;它主要是破坏真菌细胞中酶的活力,干扰新陈代谢,从而使病菌丧失生命力。对人、畜低毒,对鱼类毒性大,对家蚕安全;耐雨水冲刷,持效期长,一般药效期

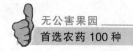
7～10 天。百菌清纯品为白色结晶体，不溶于水，溶于有机溶剂，常温下稳定，不耐强碱。

[制剂类型] 百菌清 75％可湿性粉剂、百菌清 10％乳剂、百菌清 2.5％烟剂。

[防治对象] ①苹果树：斑点落叶病、白粉病、炭疽病、轮纹病。②葡萄树：白粉病、黑痘病、炭疽病、果腐病。③桃树：褐腐病、疮痂病、穿孔病。④草莓：灰霉病、叶枯病、叶焦病和白粉病。⑤柑橘疮痂病。

[使用方法]

(1) 防治苹果斑点落叶病、白粉病、炭疽病和轮纹病等病害，于发病初期用 75％可湿性粉剂 600～800 倍液喷雾防治，但落花后 3 周内不宜使用，以免造成果锈。

(2) 防治葡萄白粉病、黑痘病、炭疽病和果腐病等病害，在叶片发病初期或开花后 2 周开始喷药，用 75％百菌清可湿性粉剂 600～700 倍液喷雾，以后视病情发生情况，隔 10 天喷 1 次。

(3) 防治桃褐腐病、疮痂病和穿孔病等病害，在孕蕾阶段和落花时用 75％百菌清可湿性粉剂 650 倍液喷第一次，以后每隔 14 天喷 1 次；防治桃穿孔病，在落花时用 75％百菌清可湿性粉剂 650 倍液喷第一次，以后每隔 14 天喷 1 次。

(4) 防治草莓灰霉病、叶枯病、叶焦病和白粉病等病害，在开花初期、中期及末期各喷药 1 次，浓度为 75％百菌清可湿性粉剂 600 倍液。

(5) 防治柑橘疮痂病，在发病初期，用 75％百菌清可湿性粉剂 800～1 000 倍液喷雾防治，隔 10～15 天 1 次，连续 2～3 次。

[注意事项]

(1) 不能与石硫合剂、波尔多液等碱性农药混用。

(2) 梨、柿、桃树上使用易发生药害，应慎用。

(3) 该药无内吸作用，喷药要均匀周到。

(4) 药剂不得污染水塘、鱼池、河流等水面。

(5) 贮存于阴凉干燥处，严禁与食物、种子、饲料混放。

（6）苹果采收前20天不能使用该药。

七十一、三唑酮

［通用名称及其他名称］通称三唑酮，又称粉锈宁、百理通。

［英文通用名称］triadimefon。

［作用特点］三唑酮是一种高效、内吸性的三唑类杀菌剂，药液被植物吸收后，能迅速在体内传导，具有保护和治疗作用，并有一定的熏蒸和铲除作用。它能抑制和干扰菌体附着胞及吸器的发育，阻止菌丝生长和孢子形成，从而起到杀菌作用。对人、畜低毒，对蜜蜂无毒，对鱼类低毒，对天敌安全。

［制剂类型］三唑酮15％、25％可湿性粉剂，三唑酮20％乳油，三唑酮15％烟雾剂。

［防治对象］①苹果树：白粉病、花腐病、锈病。②梨树：白粉病、黑星病、锈病。③葡萄：白粉病、炭疽病。④枣锈病。⑤芒果白粉病。

［使用方法］

（1）防治苹果白粉病和花腐病，用15％可湿性粉剂1 000～1 500倍液，于花前喷1～2次，花后喷2～3次，每次间隔15天左右。

（2）防治梨白粉病、黑星病和梨锈病，于花后喷15％粉锈宁可湿性粉剂1 000～1 500倍液2～3次，每次间隔10～15天。

（3）防治葡萄白粉病，于发芽前后各喷1次15％粉锈宁可湿性粉剂600～1 000倍液；防治葡萄炭疽病，在果实着色前每次间隔7～10天，喷3～4次15％粉锈宁可湿性粉剂1 500倍液。

（4）防治苹果、梨和枣锈病，在上年发生严重的果园，可在果树开花前，喷洒25％粉锈宁可湿性粉剂1 500倍液，在果园发现病害初期症状时，及时喷药。

（5）防治芒果白粉病，于发病初期喷1次20％粉锈宁乳油1 000倍液。

［注意事项］

（1）不能与强碱性农药混用。

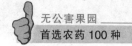
（2）应与其他杀菌剂交替使用。

（3）采果前 20 天停止使用该药。

（4）使用浓度不宜过高，否则易引起药害。

七十二、腐必清

[通用名称及其他名称] 通称腐必清，又称松焦油原液。

[作用特点] 腐必清属松焦油系列产品，有效成分为多酚杂环类化合物，可抑制菌丝扩展和产生孢子。药剂具有渗透性强、耐雨水冲刷、药效长等特点，对果树上多种真菌病害有较好的预防和铲除作用。

[制剂类型] 腐必清涂剂，腐必清乳剂。

[防治对象] 果树枝干腐烂病。

[使用方法] 防治果树枝干腐烂病害，在早春萌芽前和晚秋落叶后刮治腐烂病斑以后，用腐必清涂抹剂或腐必清乳剂 2～3 倍液，在病斑上各涂抹 1 次；夏季发病期还应在病斑上涂抹 1 次，重病果园可用腐必清乳剂 50 倍液进行全树喷雾防治。

[注意事项]

（1）使用前应充分搅拌均匀。

（2）本药剂易燃，应放在阴凉、远离火源处贮存。

（3）避免药剂直接接触皮肤，若不慎触及皮肤，可用去污粉搓洗，再用肥皂水清洗。

七十三、醚菌酯

[通用名称及其他名称] 通称醚菌酯，又名翠贝、苯氧菌酯。

[英文通用名称] kresoxim－methyl。

[作用特点] 醚菌酯具有保护与治疗活性，能很好的抑制孢子萌发，阻止病原菌侵入植物体内，对植物以保护作用为主，同时也有较强的渗透作用和局部移动能力，具有局部治疗作用。

[制剂类型] 醚菌酯 50％水分散粒剂，醚菌酯 30％可湿性粉剂，醚菌酯 30％悬浮剂，醚菌酯 25％乳油。

[防治对象] 醚菌酯是一种广谱杀菌剂，且持效期长。主要用于苹果、梨、葡萄等作物，对子囊菌、担子菌、半知菌和卵菌纲等真菌引起的大多数病害具有保护、治疗和铲除活性。

[使用方法] 醚菌酯对苹果和梨等多种病害有很好的防效，防治苹果斑点落叶病、黑星病及梨黑星病，在发病初期，使用50％醚菌酯水分散粒剂3 000～4 000倍液喷雾，间隔7天喷洒1次，连喷3次。防治葡萄霜霉病、白粉病，在发病初期，使用50％醚菌酯水分散粒剂4 000～5 000倍液喷雾。

[注意事项]

(1) 不可与强碱、强酸性的物质混合使用。

(2) 安全间隔为4天，每季作物最多喷施3～4次。

七十四、菌毒清

[通用名称及其他名称] 通称菌毒清，又称安索菌毒清。

[作用特点] 菌毒清是一种氨基酸类内吸性杀菌剂，有效成分为甘氨酸取代衍生物，杀菌机理是凝固病菌蛋白质，破坏病菌细胞膜，抑制病菌呼吸，使病菌酶系统变性，从而杀死病菌。并具有较好的渗透性，对侵入树皮内的潜伏病菌有一定的铲除作用，可用来防治多种真菌、细菌和病毒引起的病害。菌毒清原药为棕黄色或棕红色黏稠含结晶液体，商品外观为淡黄色透明液体，对人、畜低毒，具有高效、低毒、无残留等特点。

[制剂类型] 菌毒清5％水剂。

[防治对象] ①苹果树：腐烂病、干腐病、轮纹病等枝干病害。②根部紫纹羽病、白纹羽病和由镰刀菌引起的根病。③葡萄黑痘病、霜霉病、白腐病、炭疽病。

[使用方法]

(1) 防治苹果腐烂病、干腐病和轮纹病等枝干病害，用5％菌毒清水剂30～50倍液，在刮治后的病斑上涂抹2次（间隔7～10天），效果较好，并有强烈的刺激生长作用，能促进伤口愈合，且病疤复发率较低，也可在早春果树发芽前用5％菌毒清水剂100～

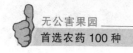

200 倍液，喷洒树体枝干，药液用量控制在滴水程度。

（2）防治紫纹羽病、白纹羽病和由镰刀菌引起的根部病害，可在春季果树萌芽期和 7 月份用 5％菌毒清 200～300 倍液灌根。

（3）防治葡萄黑痘病，用 5％菌毒清水剂 1 000 倍液，在葡萄展叶至幼果期连续喷药 7 次（间隔 15～20 天），防效良好。

（4）防治葡萄霜霉病、白腐病和炭疽病等，在发病初期用 500～600 倍液喷雾，连喷 3～4 次（间隔 10 天），效果较好。

［注意事项］

（1）不能与其他农药混用。

（2）低温时易出现结晶，可用温水容器使其溶化，不影响药效。

（3）使用时出现皮肤发红等过敏现象，应立即停止接触并用清水冲洗干净。

七十五、异菌脲

［通用名称及其他名称］通称异菌脲，又称扑海因、桑迪恩。

［英文通用名称］iprodione。

［作用特点］异菌脲是一种有机杂环类广谱性杀菌剂，可抑制真菌菌丝体生长和孢子产生，对病害植株有保护和一定的治疗作用。对人、畜低毒，对蜜蜂、鸟类和天敌安全。异菌脲对真菌的作用点较为专化，病菌易产生抗药性，不宜用药品次数过多，应及时更换用药品种。异菌脲纯品为无色结晶，不溶于水，易溶于丙酮、苯、甲醚等有机溶剂，在常规贮放条件下稳定，无腐蚀性，残效期长，但遇碱性物质不稳定。

［制剂类型］异菌脲 50％可湿性粉剂，异菌脲 25％悬浮剂。

［防治对象］①苹果树：斑点落叶病、灰霉病。②梨黑星病。③葡萄灰霉病。④草莓灰霉病。⑤贮藏期病害（苹果、梨、香蕉、柑橘等）。

［使用方法］

（1）防治苹果斑点落叶病，可在苹果春梢生长期病害发生之初开始喷药，浓度为50％扑海因可湿性粉剂1 000～1 500倍，10～15天后喷第二次，秋梢生长期再喷1～2次，同时可兼治轮纹病、炭疽病等。防治苹果灰霉病，在发病初期用50％扑海因可湿性粉剂1 000～1 500倍液喷雾防治。

（2）防治梨黑星病，于病害发生初期，用50％扑海因可湿性粉剂1 000～1 200倍液喷雾防治。

（3）防治葡萄灰霉病，于病害发生初期，即开花期和幼果期，用50％扑海因可湿性粉剂1 000～1 500倍液喷雾防治，连喷2～3次。

（4）防治草莓灰霉病，每667米^{2}用50％扑海因可湿性粉剂50～75克加水50千克喷雾，在发病初期开始喷药。

（5）防治苹果、梨、香蕉、柑橘等水果贮藏期病害，于采果前喷50％扑海因可湿性粉剂1 000倍液，或采果后用50％扑海因可湿性粉剂500倍液浸果1分钟后捞出晾干，即可有效防治贮藏期病害。

［注意事项］
（1）不能与碱性农药和物质混用，以免分解失效。
（2）扑海因无内吸性，喷药要均匀周到。
（3）使用时先加少量水，搅拌成糊状后，再加水至所需水量。
（4）要与其他杀菌剂交替使用，但不能与速克灵、农利灵等性能相似的药剂混用或交替用药。
（5）本药剂安全间隔期为7天。
（6）药剂应放置于干燥通风处。

七十六、嘧菌酯

［通用名称及其他名称］通称嘧菌酯，又名阿米西达、安灭达。

［英文通用名称］azoxystrobin。

［作用特点］嘧菌酯是线粒体呼吸抑制剂，细胞核外的线粒体主要通过呼吸为细胞提供能量（ATP），若线粒体呼吸受阻，不能产生ATP，细胞就会死亡。作用于线粒体呼吸作用的杀菌剂较多，

但甲氧基丙烯酸酯类化合物作用的部位（细胞色素 b）与以往所有杀菌剂均不同，因此防治对甾醇抑制剂、苯基酰胺类、二羧酰胺类和苯并咪唑类产生抗性的菌株有效。嘧菌酯为新型高效杀菌剂，具有保护、治疗、铲除、渗透、内吸活性，且能够增加植物的抗逆性，促进植物的生长，具有延缓衰老，增加光合产物，提高作物品质和产量等功效。

[制剂类型] 嘧菌酯 25％、80％水分散粒剂，嘧菌酯 25％悬浮剂。

[防治对象] 嘧菌酯具有广谱的杀菌活性，几乎对所有真菌如子囊菌、担子菌、半知菌和卵菌纲真菌都有效，如荔枝霜疫霉病、柑橘疮痂病、炭疽病，芒果炭疽病，葡萄白腐病、黑痘病、霜霉病，香蕉叶斑病等。

[使用方法]

（1）防治柑橘疮痂病、炭疽病，喷洒 25％嘧菌酯悬浮剂 850～1 200 倍液。

（2）防治荔枝霜疫霉病、芒果炭疽病，喷洒 25％嘧菌酯 1 200～1 600 倍液。

（3）防治香蕉叶斑病，喷洒 25％嘧菌酯 1 000～1 500 倍液。

（4）防治葡萄白腐病、黑痘病，喷洒 25％嘧菌酯悬浮剂 850～1 200 倍液；防治葡萄霜霉病，喷洒 25％嘧菌酯 1 200～2 000 倍液。

[注意事项]

（1）在推荐剂量下对作物安全、无药害，但对某些苹果品种如嘎啦品系早期生长有药害。

（2）施药后 2 小时降雨，对药效没有影响。

七十七、苯醚甲环唑

[通用名称及其他名称] 通称苯醚甲环唑，又称世高。

[英文通用名称] difenoconazole。

[作用特点] 苯醚甲环唑属三唑类杀菌剂，具有内吸性，是甾

醇脱甲基化抑制剂，杀菌谱广，叶面处理或种子处理可提高作物的产量和品质，对子囊菌亚门、担子菌亚门和包括链格孢属、壳二孢属、尾孢霉属、刺盘孢属、球座菌属、茎点霉属、柱隔孢属、壳针孢属、黑星菌属在内的半知菌、白粉菌、锈菌和某些种传病原菌有持久的保护和治疗活性；杀菌谱广可防治大多数由于子囊菌、担子菌和半知菌所引起的病害。世高对人、畜低毒，对作物安全。

[制剂类型] 苯醚甲环唑10％水分散颗粒剂。

[防治对象] ①梨树：黑星病、锈病。②苹果树：斑点落叶病、轮纹病、白粉病、炭疽病。③葡萄黑痘病、白粉病、白腐病、炭疽病。④草莓白粉病等。尤其对梨黑星病、苹果斑点落叶病特效。

[使用方法]

（1）防治黑星病，可在开花、谢花后各喷1次10％水分散颗粒剂4 000～5 000倍液，以后根据降雨情况喷药。喷药间隔期10～14天，全季3～4次。

（2）防治苹果斑点落叶病、轮纹病和炭疽病，可在发病初期喷药，以10％世高2 000～2 500倍液为宜；用于套袋苹果，可在谢花后套袋前与其他保护性杀菌剂交替使用1～2次，用药间隔期10～14天。

（3）防治葡萄黑痘病、白腐病、炭疽病，可在花前、花后和果粒膨大期各喷1次10％世高，使用浓度为2 000～2 500倍液。

[注意事项]

（1）应掌握发病初期施药，全生育期不超过3～4次，以延缓或避免病菌抗药性产生。

（2）世高不宜与铜制剂混用。

七十八、噻苯咪唑

[通用名称及其他名称] 通称噻苯咪唑，又称噻苯哒唑。

[英文通用名称] thiabendazole。

[作用特点] 噻苯咪唑作用机制是抑制真菌线粒体的呼吸作用和细胞增殖，具有内吸传导作用，根施时向顶传导，但不能向基传

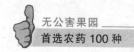
导；特克多抗菌活性限于子囊菌、担子菌、半知菌，而对卵菌和接合菌无活性。特克多对人、畜低毒，对作物安全。

[制剂类型] 噻苯咪唑 50％水悬浮剂（每升含有效成分 500克）。

[防治对象] ①苹果和梨树：青霉病、炭疽病、灰霉病、黑星病、白粉病等。②柑橘：青霉病、绿霉病、蒂腐病。③草莓：白粉病、灰霉病。④香蕉保鲜。⑤芒果炭疽病。

[使用方法]

（1）防治苹果和梨青霉病、炭疽病、灰霉病、黑星病、白粉病，收获前每 667 米^2 用 50％水悬浮剂 66.7～133 毫升（有效成分 30～60 克）对水喷雾。

（2）防治葡萄灰霉病，收获前用 50％特克多 333～500 倍液或每 100 升水加 50％特克多 200～300 毫升（有效浓度 900～1 350 毫克/升）的药液喷雾。

（3）防治草莓白粉病、灰霉病，收获前每 667 米^2 用 50％特克多 66.7～133 毫升（有效成分 30～60 克），对水喷雾。

（4）柑橘贮藏防腐，柑橘采收后用 50％特克多 90～900 倍液或每 100 升水加 111～1 111 毫升（有效浓度 500～5 000 毫克/升）药液浸果 3～5 分钟，晾干装筐，低温保存，可以控制青霉病、绿霉病、蒂腐病、花腐病的为害。

（5）香蕉贮运防腐，香蕉采收后，用 50％特克多 450～600 倍液或每 100 升水加 50％特克多 167～222 毫升（有效浓度 750～1 000 毫克/升）的药液浸果，1～3 分钟后捞出，晾干装箱，可以控制贮运期间烂果。

（6）防治芒果炭疽病，收获后用 50％特克多 180～450 倍液或每 100 升水加 50％特克多 222～555 毫升（有效成分 1 000～2 500毫克/升）药液浸果。

[注意事项]

（1）本剂对鱼有毒，注意不要污染池塘和水源。

（2）若药液溅入眼睛或接触皮肤，应用清水冲洗干净。

（3）药剂应原包装密封贮存，并置于远离儿童的地方。空容器应及时回收并妥善处理。

七十九、腈苯唑

[通用名及主要商品名] 通用名为腈苯唑，又称应得。

[英文通用名称] fenbuconazole。

[作用特点] 属高效、低毒、低残留、内吸传导型杀菌剂，能抑制病原菌菌丝的伸长，阻止已发芽的病菌孢子侵入作物组织。对病害既有预防作用又有治疗作用。

[制剂类型] 常用剂型为24%悬浮剂。

[防治对象] 主要用于防治香蕉叶斑病、桃褐腐病。

[使用方法]

（1）香蕉叶斑病：在香蕉下部叶片出现叶斑之前或刚出现叶斑时，用24%悬浮剂400倍液，每隔7～14天喷雾一次，连续使用多次，对香蕉叶面有良好的保护作用。在台风、雨季来临或叶斑出现时，必用24%悬浮剂1 000倍液，每隔7～14天喷雾一次，连续使用2～3次，对香蕉叶斑病有良好的治疗作用。

（2）桃褐腐病：在桃树发病或发病始期喷药，用24%悬浮剂2 500～3 000倍液。

[注意事项]

（1）本品对鱼有毒，应避免药液流入湖泊、河流或鱼塘中污染水源。

（2）为预防可能产生抗性，应与其他药剂轮换使用，避免在整个生长季使用单一药剂。

八十、白涂剂

[通用名称] 白涂剂。

[作用特点] 白涂剂主要用来保护树干，防止日灼和冻害，兼有杀菌、治虫的作用。白涂剂的配料因用途而异，其中最主要的是石灰质量要好，加水后消化彻底，若用消石灰，应过筛用少量水泡数

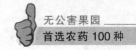
小时，使其呈膏状；白涂剂的浓度以涂在树干上不往下流，能薄薄沾一层为度，且要均匀一致。

[制剂类型（配方）]

（1）生石灰：石硫合剂：食盐：动物油：水＝5：0.5 原液：0.5：1：20；

（2）生石灰：硫黄粉：水＝5：0.5：20；

（3）生石灰：石硫合剂：水＝5：0.5 残渣：20；

（4）生石灰：食盐：动物油：豆油：水＝5：2：0.1：0.1：20；

[使用方法]

（1）白涂剂涂刷树干时，要先把翘皮刮去，用草把、扫帚、排刷等涂刷，把大枝和主干 130 厘米以下部分均匀地刷白涂遍。苹果、梨、桃等果树的主干和主枝基部，应于 11 月上中旬用白涂剂刷白，以防止冻害和枝干病害。柑橘在采果后冻害到来之前的 11 月上中旬，对幼树、老树、枝叶稀少和生长势衰弱的树干用药刷白，可以防止裂皮，减轻冻害和防止树脂病的发生；柑橘的高接换种树，于 5～8 月和 11 月对主干刷白，可防日灼和冻害。

（2）在柑橘主干和大枝夏季刷白涂剂可以防止日灼，冬季可以降低树体的昼夜温差，以减轻冻害和树脂病的发生。

（3）防治核桃干腐病，在主干的南面和西南面刷白涂剂，以减少日灼和预防病害；防治核桃腐烂病，冬季刮净腐烂病疤后，树干涂白涂剂，预防冻害和虫害引起此病的发生，同时兼治枝枯病。

（4）防治樱桃流胶病，冬季刮除流胶病斑后，涂刷白涂剂防冻。

[注意事项] 不同的配方，其用途不同，使用时要注意。

第五章

无公害果园首选除草剂

八十一、草甘膦

[通用名称及其他名称] 通称草甘膦，又称镇草宁、农达、农得乐、甘氯膦、膦酸甘氨酸、草全净、万锄等。

[英文通用名称] glyphosate。

[作用特点] 草甘膦属有机磷类内吸传导型灭生性除草剂。该药以内吸性强而著称，不仅能通过茎叶传导到地下部分，而且在同一植株的不同分蘖间也能进行传导，对多年生深根杂草的地下组织破坏力很强，能达到一般农业机械无法达到的深度；该药被植物吸收，在体内输导到地下根、茎，导致植株死亡，并失去再生能力。该药作用缓慢，一、二年生杂草，药后15～20天枯死；多年生杂草，药后20～25天地上部分枯死，地下部分逐渐腐烂。对人、畜低毒；对鱼类和水生生物毒性较低；对蜜蜂和鸟类无毒害，对天敌等有益生物较安全。草甘膦进入土壤后很快与铁、铝等金属离子结合而失去活性，对土壤中的种子和微生物无不良影响。

[制剂类型] 10%草甘膦铵盐水剂、草甘膦41%水剂。

[防除对象] 主要防除果园内一、二年生禾本科、莎草科杂草及阔叶杂草，对多年生杂草白茅、狗牙根、香附子等也有较好的防除效果。

[使用方法]

（1）防除果园内一年生杂草，如稗、牛筋草、马唐、藜、繁缕、猪殃殃等，在杂草生长旺季，每667米² 用10%草甘膦铵盐水

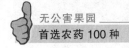

剂 650～1 000 毫升，对水 30～50 千克，进行定向均匀喷雾。

（2）防除果园内多年生恶性杂草，如白茅、芦苇、香附子等，要加大药量，在杂草生长旺季，30～45 厘米高时施药，每 667 米^{2}用 10％草甘膦铵盐水剂 1 500～2 500 毫升，对水 30～50 千克，对杂草茎叶定向均匀喷雾，使其能附着足够的药量。

（3）喷药时勿将药液喷在树冠上，以免叶片遭受药害。

（4）应在晴天喷药，药后 4 小时内遇大雨会降低药效，应补喷。

（5）药液中加入 0.1％～0.2％中性洗衣粉或尿素 150 克可提高药效；应用清水配药，浑浊水会降低药效。

（6）由于草甘膦持效期较短，可与持效期较长的西玛津混用，以提高药效。

[注意事项]

（1）草甘膦只有被杂草绿色或幼嫩部位吸收后才能发挥作用，因此喷药要均匀周到。

（2）该药对金属有腐蚀性，使用和贮存时要用塑料容器。

（3）草甘膦低温贮存时有结晶析出，用前要充分摇动，使晶体溶解，才能保证药效。

（4）两年生以下幼园及苗圃不宜使用草甘膦。

（5）草甘膦是叶面处理剂，用于土壤处理无效。

八十二、百草枯

[通用名称及其他名称] 通称百草枯，又称克芜踪、草枯灵、对草快。

[英文通用名称] paraquat。

[作用特点及理化性质] 百草枯属有机杂环类触杀型、无选择性的灭生性除草剂。药液被植物吸收后，叶绿体被破坏，使光合作用和叶绿素合成中止，作用迅速，药后 2～3 小时受害组织开始变色，施后 24 小时杂草开始枯萎，1～2 天植株即会枯死。具有触杀和一定的内吸作用，耐雨水冲刷，药后半小时下雨不影响药效，高

温、强光可加速杂草死亡。该药对单子叶、双子叶植物的绿色组织均有很强的破坏作用。该药无传导作用，只能使绿色部位受害，不能穿透木栓化的树皮，易被土壤吸附钝化而失去活力，因此，对植物根部和种子无药效，残效期短，约20天，施药后有杂草再生现象；毒性中等，对人、畜较安全；对蜜蜂低毒，对鸟类、鱼类和天敌安全。

[制剂类型] 百草枯20%水剂。

[防除对象] 主要用于防除苹果、梨、桃园中的一、二年生杂草和柑橘园中的空心莲子草及其他杂草；对多年生杂草只能杀死地上部分，对茅草、鸭趾草、香附子等深根性杂草只能杀死地上绿色部分，不能杀死地下部分。

[使用方法]

（1）防除苹果、梨等果园中的杂草，用药量根据杂草大小而定，防除20厘米以下的小草，每667米^{2}用20%水剂150毫升，对水30~50千克在树冠下定向低压均匀喷雾；防除20厘米以上的大草，每667米^{2}用20%水剂200~300毫升，对水30~50千克在树冠下定向低压均匀喷雾；用20%水剂与50%利谷隆可湿性粉剂按1：1混合喷雾，防除杂草效果更好。葡萄园可用20%水剂75~100毫升，对水50~75千克在树冠下定向低压均匀喷雾。

（2）防除柑橘园中的空心莲子草，每667米^{2}用20%水剂150毫升，对水50千克，5月上中旬喷雾，效果达90%以上；防除柑橘园中的其他杂草，在杂草长到20~30厘米时，每667米^{2}用20%水剂150~200毫升，对水50千克在树冠下定向低压均匀喷雾。

（3）杂草出苗至开花期施药均匀，但以草高15~20厘米最佳。

（4）无内吸作用，要喷湿整株杂草。

（5）百草枯与敌草隆、西玛津、利谷隆等除草剂混配可提高防治效果。

[注意事项]

（1）宜在幼树行间使用，切勿将药溅到果树叶子和绿色部分，

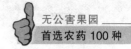

以免发生药害。

（2）为提高药液展着性，可在药液中加入 0.1％洗衣粉。

（3）光照可加速本品的药效发挥。

（4）药后 30 分钟遇雨时能基本保证药效。

（5）属中等毒性及有刺激性液体，需以金属器具盛装，把盖子盖紧防止外溢。

（6）1 年只能使用 1 次。

八十三、敌草隆

[通用名称及其他名称] 通称敌草隆，又名敌芜伦。

[英文通用名称] diuron。

[作用特点] 敌草隆是取代脲类广谱内吸传导土壤处理剂。由杂草根部吸收，向上传导到绿色部分，抑制光合作用，对种子萌发无明显影响；降水量、气温和土壤类型对敌草隆的药效影响很大，气温高、雨水多、杂草萌发和生长迅速，除草效果好，持效期长达 2～3 个月，田间一次施药可基本控制全年杂草危害；对人、畜毒性低，对鱼类和水生生物毒性小，对土壤微生物无不良影响。

[制剂类型] 敌草隆 25％、80％可湿性粉剂。

[防除对象] 有效防除果园中的马唐、稗、牛筋草、苋、香附子、狗牙草等一年生和多年生杂草。

[使用方法]

（1）用敌草隆防除苹果、梨、葡萄等果园杂草主要用于杂草发芽前土壤处理。春季杂草发芽出土前，每 667 米^2 用 25％敌草隆可湿性粉剂 500～800 克，对水 40～50 千克喷在地表，或拌成毒土均匀撒在地面。若在中耕除草后处理，每 667 米^2 用 25％敌草隆可湿性粉剂 250～400 克，加水 40 千克，在将大草除净后喷药于地表，土壤质地不同，用药量亦不同，偏沙性土壤用低限，偏重土壤用高限。25％敌草隆可湿性粉剂与 40％莠去津胶悬剂以 1∶1 混用，每 667 米^2 用 500 克，能防除多种单、双子叶杂草。

（2）对清耕的柑橘、菠萝等常绿果树的果园，在早春杂草萌发高峰期，每 667 米^2 用 25％敌草隆可湿性粉剂 200～250 克，对水 40～50 千克喷雾土表，可防除苋菜、蓼、藜、狗尾草、旱稗、马唐等一年生杂草，对香附子、狗牙根等多年生杂草也有一定的抑制作用。

[注意事项]

（1）宜在气温高、雨水多、杂草萌发整齐时应用该药剂。

（2）药剂对果树的叶片有药害，应避免药液飘移到果树叶片上。

（3）核果类果树对敌草隆敏感，应慎用。

（4）沙质土壤不宜使用该药，或用量酌减。

（5）用过的药械器具要及时冲洗干净。

八十四、二甲戊灵

[通用名称及其他名称] 通称二甲戊灵，又名除草通、除芽通、施田补。

[英文通用名称] pendimethalin。

[作用特点] 二甲戊灵是分生组织细胞分裂抑制剂。不影响杂草种子的萌发，而是在杂草种子萌发后幼芽、茎和根吸收药剂后而起作用。双子叶植物吸收部位为下胚轴，单子叶植物为幼芽，其受害症状是幼芽和次生根被抑制，最终导致死亡。

[制剂类型] 二甲戊灵 33％、50％乳油，二甲戊灵 3％、5％、10％悬浮剂。

[防治对象] 果园防除马唐、稗草、狗尾草、金狗尾草、马齿苋、藜等一年生禾本科和阔叶杂草。对禾本科杂草的防除效果优于阔叶杂草，对多年生杂草效果差。

[使用方法] 在杂草出土前，667 米^2 用 33％乳油 200～300 毫升，对水喷洒于土表。

[注意事项]

（1）土壤沙性重，有机质含量低的田块易产生药害，不宜使用。二甲戊灵防除单子叶杂草效果比双子叶杂草效果好，因此在双子叶杂草发生较多的田块，可同其他除草剂混用。

（2）为增加土壤吸附，减轻除草剂对作物的药害，在土壤处理时，应先浇水，后施药。

（3）当土壤黏重或有机质超过 2％时，应使用高剂量。

八十五、氟乐灵

[通用名称及其他名称] 通称氟乐灵，又名特福力、氟特力、氟利克、茄科宁。

[英文通用名称] trifluralin。

[作用特点] 氟乐灵是一种苯胺类选择性芽前土壤处理剂，只通过幼芽、幼根吸收，抑制幼芽和次生根生长，但出苗后的茎和叶不能吸收。氟乐灵防治谱较广，对一年生禾本科以及种子繁殖的多年生杂草和某些阔叶杂草有较好的防除作用；该除草剂易光解、挥发，在土壤中降解速度快，残留量很小，潮湿和高温会加快它的分解速度；对人、畜低毒，持效期较长，一般用药一次基本能控制整个生育期的杂草。

[制剂类型] 氟乐灵 48％乳油。

[防除对象] 主要用于防除一年生禾本科以及种子繁殖的多年生杂草和某些阔叶杂草，如稗草、狗尾草、马唐、看麦娘、牛筋草、藜、苋、马齿苋等；对龙葵、苍耳、苘麻、鸭跖草等宿根性多年生杂草防效差或基本无效；对成株杂草无效。

[使用方法]

（1）防除成龄果园内一年生禾本科以及种子繁殖的多年生杂草和某些阔叶杂草，在杂草出苗前，每 667 米^2 用 48％乳油 100～150 毫升，对水 50～60 千克均匀喷雾，施药后立即耕耘与土混匀。

（2）新建果园防除上述杂草，需在定植缓苗后、杂草出苗前施药，施药方法及剂量同成龄果园。

（3）在间套花生、大豆等作物的果园使用该药，宜在播种前 5～7 天施药或间作物出苗后施药，施药方法及剂量同成龄果园。

[注意事项]

（1）本药剂存放时应避免阳光直射，不要靠近火源和热气，保存在 4℃以上阴凉干燥处。

（2）施药时避免吸入雾气，操作时应戴风镜和防渗手套；若皮肤和眼睛接触药液，应立即用大量水冲洗，若刺激作用仍不消失，应送医院医治，若误吞服，应立即催吐。

（3）春季天气干旱时，施药后立即混土保墒。

八十六、烯禾啶

[通用名称及其他名称] 通称烯禾啶，又称拿捕净、禾莠净、乙草丁。

[英文通用名称] sethoxydim。

[作用特点] 烯禾啶是选择性强的内吸传导型茎叶处理用除草剂。禾本科杂草茎叶吸收较快，传导到叶尖和节间分生组织处累积，破坏细胞分裂，使生长点和节间组织坏死，药后 3 天受药植株停止生长，2～3 周内全株枯死，对阔叶作物安全，在土壤中持效期较短，施药当天可播种阔叶作物；对人、畜低毒，对蜜蜂和鸟无任何毒性反应。

[制剂类型] 烯禾啶 20％乳油。

[防除对象] 烯禾啶主要用于防除苹果、梨、桃、葡萄、柑橘等果园内一年生和多年生禾本科杂草，如稗草、野燕麦、狗尾草、马唐、牛筋草、看麦娘等，提高药量也可防除白茅、芦苇、狗牙根等。

[使用方法]

（1）用烯禾啶防除果园内一年生杂草，一般在杂草旺盛生长期施药，用药量视杂草种类和叶龄不同而异，防除一年生杂草，在 2～3 叶期，每 667 米^2 用 20％乳油 65～100 毫升；杂草 4～5 叶期，每 667 米^2 用 20％乳油 100～150 毫升；杂草 6～7 叶期，每 667 米^2 用 20％乳油 150～175 毫升，均对水 30～40 千克，喷雾于杂草茎叶上。

（2）用拿捕净防除果园内多年生杂草，杂草 3～6 叶期，每 667 米^2 用 20％乳油 150～200 毫升，对水 30～40 千克，喷雾于杂

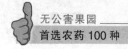
草茎叶上。

（3）在夏秋季杂草种类多的情况下，用烯禾啶 20%乳油与 50%莠去津可湿性粉剂混合喷雾于杂草上，可提高除草效果。

（4）拿捕净耐雨水冲刷，喷药后几小时下雨无需重喷，喷药后 7～14 天杂草枯死。

［注意事项］

（1）为了同时防除阔叶杂草，可与阔叶杂草除草剂混用。

（2）施药时间以早、晚为好，中午高温时不宜施药。

（3）喷药时应注意防止药雾飘移到临近的单子叶作物上，施药器械用后彻底清洗干净。

（4）用后剩余的药液不能倒入湖泊、河流和水库等，盛原药的容器用后深埋。

八十七、扑草净

［通用名称及其他名称］扑草净，又称割草佳，扑灭通。

［英文通用名称］prometryn。

［作用特点］扑草净是一种低毒选择性内吸传导型除草剂，通过根部及茎叶渗入吸收，运输至绿色部分抑制光合作用，使中毒杂草逐渐失绿干枯死亡。施药后可被土壤黏粒吸附；形成药层，杂草萌发出土时接触药剂而中毒，对刚萌发的杂草防效最好。杀草谱广；持效期 20～70 天，旱地较水田长，黏土中更长。扑草净属微毒性除草剂，对人、畜安全，对鱼类、鸟类、蜜蜂低毒。

［制剂类型］扑草净 25%、50%可湿性粉剂。

［防除对象］扑草净主要用于防除常绿、落叶果树果园中的马唐、狗尾草、蟋蟀草、马齿苋、藜等多种一年生和多年生杂草，宜在杂草芽前芽后做土壤处理。

［使用方法］

（1）对苹果、梨、桃等定植 1 年以上的果园，一般在中耕除草后进行处理，每 667 米^2 用 50%扑草净可湿性粉剂 150～200 克，对水 40 千克，均匀喷于土表，注意扑草净对成株杂草效果不好。

（2）在柑橘园中耕以后，每 667 米^2 用 50％扑草净可湿性粉剂 200～300 克，对水 40～50 千克喷表土，如果将扑草净与西玛津、除草醚等药剂混用，可提高安全性。

[注意事项]

（1）有机质含量低的沙质土不宜施用，否则效果差。

（2）果园土壤处理施药后，应保持表土湿润才能有效。

（3）喷过扑草净的器具要反复冲洗干净，才能避免下次用药不发生药害。

八十八、吡氟禾草灵

[通用名称及其他名称] 通称吡氟禾草灵，又称稳杀得、氟草除。

[英文通用名称] fluaxifop-butyl。

[作用特点] 吡氟禾草灵属苯氧羧酸类内吸传导型茎叶处理剂，具有优良的选择性，对禾本科杂草杀伤力强，对阔叶作物安全，对双子叶杂草无效。作用机理是破坏杂草光合作用，抑制细胞分裂，阻止生长，杂草吸收药剂的部位主要是茎和叶，但施入土壤中的药剂通过根也能被吸收；由于吸收传导性强，可达地下茎，对多年生禾本科杂草也有较好的防除作用；该药药效发挥较慢，一年生杂草 10～15 天开始中毒死亡；加大用药量也能杀死茅草、芦苇等深根性禾本科杂草，并对残留株具有强烈的抑制作用；吡氟禾草灵在土壤中降解速度较快，对人、畜低毒，在低用量下或禾草生长较大、干旱条件下，不能完全杀死杂草。

[制剂类型] 吡氟禾草灵 35％乳油。

[防除对象] 防除果园中稗草、马唐、狗尾草；看麦娘、牛筋草、芦苇等一年生及多年生禾本科杂草，对阔叶杂草无效。

[使用方法]

（1）防除浅根性的一年生及多年生禾本科杂草，在杂草 4～6 叶期，草高 5～15 厘米时施药效果最好，每 667 米^2 用 35％乳油 65～100 毫升对水 30 千克，进行茎叶喷雾处理。

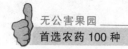
（2）防除芦苇、白茅等深根性杂草，应加大剂量，一般每 667 米² 用 35％乳油 130～160 毫升对水 30 千克，在杂草 3～5 叶期，草高 5～15 厘米时施药，进行茎叶喷雾处理。

（3）间作花生、大豆、甘薯等阔叶作物的果园，宜在间作物 3 叶期施药，以免影响生长。

（4）防治一年生杂草，以禾草幼小时喷药效果最佳。

[注意事项]

（1）稳杀得必须充分均匀地喷透杂草茎、叶，才能获得较好的防除效果。

（2）相对湿度较高时除草效果好，在温度高、干旱条件下施药，要用剂量的最高限。

（3）对于阔叶杂草较多的果园，内无间作物，可用阔叶性除草剂与稳杀得混用，或先后使用。

（4）本品应密封存放在阴暗的地方，注意防火。

八十九、氟磺胺草醚

[通用名称及其他名称] 通称氟磺胺草醚，又名虎威。

[英文通用名称] fomesafen。

[作用特点] 氟磺胺草醚是一种选择性除草剂，具有杀草谱宽、除草效果好，在推荐剂量下对后茬作物安全等优点。使用后很快被杂草叶片吸收，导致叶片黄化，并迅速枯萎死亡，喷药后 4～6 小时内降雨不影响除草效果。残留叶面的药液被雨水冲入土壤中或喷洒落入土壤的药剂会被杂草根部吸收而杀死杂草。

[制剂类型] 氟磺胺草醚 10％、12.8、20％乳油，氟磺胺草醚 12.8％、20％微乳剂，氟磺胺草醚 18％、25％水剂，氟磺胺草醚 73％可溶粉剂。

[防治对象] 可有效防除铁果园苋菜、鸭趾草、龙葵、反枝苋、藜、苘麻、鬼针草、苍耳、荠菜等一年生阔叶杂草。

[使用方法] 果园中耕松土后，杂草 2～5 叶期，667 米² 用 25％氟磺胺草醚水剂 85～140 毫升对水进行喷雾。为了提高防治效

果，可在喷洒药液中加入 0.1%～0.2%不含酶的洗衣粉或每 667
米² 喷洒药液中加入 330 克尿素。

[注意事项]

（1）在土壤水分、空气温度适宜时，有利于杂草对氟磺胺草醚
的吸收传导，故应选择早晚无风或微风、气温低时施药。

（2）要避免将药液喷洒或飘落到树的枝叶上，尽量用低压喷
雾，用保护罩定向喷雾。

九十、乙氧氟草醚

[通用名称及其他名称] 通称乙氧氟草醚，又名果尔。

[英文通用名称] oxyfluorfen。

[作用特点] 乙氧氟草醚为触杀型除草剂，在光照下发挥杀草
作用。主要通过胚芽鞘、中胚轴进入植物体内，杀死以种子繁殖的
杂草的幼芽和幼苗；经根部吸收较少，并有极微量通过根部向上运
输进入叶部。乙氧氟草醚属低毒除草剂，对鱼类及某些水生动物高
毒，对草虾高毒，对蜜蜂毒性较低。

[制剂类型] 乙氧氟草醚 250 克/升悬浮剂，乙氧氟草醚 20%、
24%乳油，乙氧氟草醚 2%颗粒剂。

[防治对象] 适用于果园防除稗草、田菁、旱雀麦、狗尾草、
蓼、藜、曼陀罗、匍匐冰草、豚草、刺黄花捻、苘麻、田芥、苍
耳、牵牛花等杂草。

[使用方法] 杂草 4～5 叶期，每 667 米² 用 24%乙氧氟草醚乳
油 30～50 毫升，加水 30～40 升，用低压喷雾器避开果树定向喷雾
于地表，或与克无踪、农达混用，扩大杀草范围，提高药效。

[注意事项]

（1）乙氧氟草醚为触杀型除草剂，无内吸活性，故喷药时要求
均匀周到，施药剂量要准。

（2）对鱼类及某些水生动物高毒，使用时需注意。

第六章

无公害果园首选植物生长调节剂

九十一、多效唑

[通用名称及其他名称] 通称多效唑，又称 PP_{333}、对氯丁唑。

[英文通用名称] paclobutrazol。

[作用特点] 多效唑具有抑制植物生长、阻碍赤霉素的生物合成功能，是赤霉素的拮抗物，药效持续时间长。多效唑属低毒植物生长调节剂，对哺乳动物、鱼、鸟和无脊椎动物低毒，对皮肤和眼有轻微的刺激性。

[制剂类型] 多效唑 15％可湿性粉剂，多效唑 21.5％、2％水剂，多效唑 25％乳油，多效唑 50％悬浮剂。

[作用对象] 多效唑是一种内吸、用途广泛的植物生长延缓、调节剂和杀菌剂。能被植物的根、茎、叶吸收，根、茎吸收对整个植株起作用，叶面吸收只对局部起作用。在多种木本果树上施用，能抑制根系和营养体的生长，叶绿素含量增加，抑制顶芽生长，促进侧芽萌发和花芽的形成，增加花蕾数，提高坐果率，改善果实品质，提高抗寒力。多效唑既是活性高、杀菌谱广的杀菌剂，又是抑制多种单子叶、双子叶杂草的除草剂。

[使用方法]

（1）苹果树　主要用于适龄不结果的幼树、具有晚实性的品种及元帅等成龄不丰产的树，也可用于密植园的树冠控制。在苹果新梢生长期，单株用 2 克（有效成分）多效唑溶于 20 升水中，沟施于树下，能有效地抑制新梢生长，增加短枝比例，明显提高坐果率，增大果实，提高产量；树冠花后喷布 0.1%～0.2%多效唑 1～3 次，能明显抑制新梢生长，使节间缩短、枝条增粗、不抽发秋梢，提高果实内钙的含量，增加果实硬度，延长贮藏期；对 M₉ 矮化砧的植株抑制效果不明显，土施的量太大和叶面喷布的次数太多，都会引起坐果率下降、单果重下降、果锈增多等弊端。

（2）桃树　多效唑可显著地控制桃树枝梢生长，使其叶片紧凑，可以免除繁重的夏季修剪；提早 1～3 年实现早期丰产，促进旺树的花芽分化，改善果实品质。土施按树冠投影面积第一年用量（有效成分）0.125～0.25 克/米²，以后每年减半；叶面喷施一般旺梢长至 5～10 厘米时，喷浓度为 0.05%～0.1%的多效唑 1～2 次。

（3）梨树　春梢生长期，用浓度为 0.01%～0.02%的多效唑叶面喷施，可明显减少当年春梢的延长生长，缩短节间长度；秋季和早春土施，每平方米主干横截面积 77.5 毫克或 155 毫克有效成分，可明显抑制当年二次梢和翌年春梢的生长；两种施用方法对翌年花芽形成都有明显的促进作用，可提高产量。

（4）葡萄树　在巨峰葡萄盛花期或花后 3 周，叶面喷布 0.3%或 0.6%多效唑，能明显抑制当年或第二年的新梢生长，增加单枝花序量、果枝比率和产量，但第三年的产量有所下降；土壤施用 0.5～1 克/米² 有效成分，能明显延缓地上部生长，增强根的活性和提高根冠比；在新梢枝条 2 叶期，用多效唑 0.05%～0.1%涂干（长度 1 厘米），可明显抑制 3～10 节节间的长度。

（5）樱桃树　二年生树春季土施（有效成分）15 毫克/米²（干径），当年生枝条被抑制生长强烈，效果持续 3 年，产量提高 50%；叶面喷布，于 5 月中旬和 7 月上旬各喷 0.05%多效唑，可促进花芽分化，短枝增多，但抑制效果略低于土施的；在 6 月上旬喷可抑制花芽分化，使果实增大、产量增加。

（6）杏和李树　杏对多效唑特别敏感，土施（有效成分）0.5 克/米² 多效唑，坐果率大大提高；盛花期或 6 月初喷 0.1%～0.2%多效唑 1 次，对李树有疏果和增大果实的作用。

　　[注意事项]

（1）果树的树种、品种、砧木和树龄不同，对多效唑的反应不一致，柑橘、桃、葡萄、山楂敏感，处理的当年即产生明显效应；苹果、梨和荔枝起作用的时间较慢，常在翌年才有明显效果。幼树起作用的时间快，容易被控制，大树则较慢。黏土和有机质多的土对本剂有固定作用，施用后效果差。因此，在这种土壤上，建议用涂干和叶面喷布的方法。叶背茸毛多的品种和树种，喷布的效果差，秋季根施的效果好。

（2）多效唑施用方法主要有两种，一种是土施：冠下挖环沟灌溉，注意施匀，时间以秋施最好，用量视具体情况而定；另一种是喷施：配以水溶液以新梢开始旺长期为好，浓度按具体情况确定。施用多效唑须注意加强肥水管理和合理负载，以免树势变弱。

九十二、乙烯利

[通用名称及其他名称] 通称乙烯利，又名乙烯磷、一试灵、乙烯灵、一四〇、ACP、催熟剂。

[英文通用名称] ethephon。

[作用特点] 乙烯利是促进植物成熟的植物生长调节剂，进入植物体内以后就会因植物组织的 pH 而释放出乙烯来，起到促进果实成熟、抑制伸长生长、促进器官脱落以及诱导花芽分化、促进发芽、抑制开花、促使发生不定根等作用。乙烯利属低毒植物生长调节剂，对人、畜和家禽、鱼类安全，对皮肤和眼睛有刺激作用，是一种高效、低毒、广谱性植物生长调节剂。

[制剂类型] 乙烯利 40% 水剂，乙烯利 10% 可溶性粉剂。

[作用对象] 乙烯利在果树生产中应用广泛，主要用于促进果实成熟及叶片、果实的脱落，矮化植株，增加雌花，改善品质，使雄花不育等。还与细胞分裂、延长及种子休眠、萌发、开花、性别分化、器官衰老脱落等生理过程有关。

[使用方法]

（1）苹果树　苹果可在熟前 20 天喷 0.5% 的乙烯利溶液，能提早上市 1～2 周，提高果实着色度和含糖量；苹果盛花后 10 天喷

0.3%的乙烯利溶液，金帅开始落花后10天喷0.3%的乙烯利溶液，可以防止因用乙烯利催熟而引起的落果；促进苹果花芽分化：于新梢迅速生长前，喷1.0%～1.5%的乙烯利溶液，可促进苹果花芽分化。

（2）葡萄树　巨峰葡萄浆果缓慢生长后期，用0.5%的乙烯利溶液浸蘸果穗，能提早成熟3～5天，且着色早，果色浓；对于酿酒葡萄，在有15%的果实上色时，用0.3%～0.5%的乙烯利喷洒果穗，可增加果皮内色素的形成；葡萄6～8片叶时喷0.025%的乙烯利，10天后开始抑制新梢生长，新梢生长率减少36.2%，且含糖量增加。

（3）柿树　在9月间，黄色柿子用0.3%的乙烯利、青色柿子用0.9%的乙烯利浸30秒钟，48～60小时全部软化、脱涩；在9月中旬至10月上旬，树冠喷布0.1%的乙烯利，可提早成熟10～15天。

（4）山楂树　在采收前7天喷布0.6%～0.8%的乙烯利，催落的果实达95.6%～100%，且果实着色提前，糖酸比值提高较快，涩味消失早，成熟期提早5～7天。

（5）枣树　采收前7～8天，全树喷布0.2%～0.3%的乙烯利，催落效果80%～100%，提高采果工效10倍左右，且树冠免受竹竿、棍棒敲打的损伤。

（6）核桃树　在树上出现少数裂果时，喷布0.1%～0.5%的乙烯利，6～7天后裂果率达95%以上，可提早收获14天左右；采果后堆放在塑料薄膜上，喷布0.3%～0.5%的乙烯利，直至果面湿润，然后盖上塑料布，7日后裂果率达95%以上，即可脱皮。

（7）板栗树　采前5～7天喷布0.2%～0.3%的乙烯利，可使栗整齐一致地开裂落棚。

（8）柑橘树　温州蜜柑在采果前20～30天，树冠喷布0.1%的乙烯利催熟和着色，3天后见效，7天明显，10天达高峰，可使果实提早9～10天采收，且果实品质和色泽均佳；9月中下旬采收的温州蜜柑（中、早熟种），于采后当天或次日用0.3%乙烯利浸果数秒钟，处理时和处理后的温度保持在24℃左右，5天后即可全

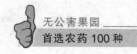
部着色成熟；葡萄柚，采后当日用 0.5％的乙烯利浸果，7 天后就可完全着色；柠檬用 1％的乙烯利浸果，7 天后就可达到全着色；机械采收柑橘，在采果前 6～7 天，果实喷布 0.2％～0.3％的乙烯利，果实加速成熟，易产生离层，便于机械采收。

[注意事项]

（1）注意乙烯利不能和碱性药液混合使用。

（2）宜现配现用，久存会失效。

（3）乙烯利适于干燥天气下使用，喷后遇雨要补喷；使用乙烯利的气温最好在 16～32℃，当温度低于 20℃时，要适当加大浓度。

（4）使用乙烯利水剂时，最好加 0.2％的中性洗衣粉作湿润剂。

（5）具有强酸性，对眼睛、皮肤均有较强的刺激作用，使用时须注意防护。

（6）乙烯利生物活性强，不能乱用，否则容易产生药害。

九十三、赤霉素

[通用名称及其他名称] 通称赤霉素，又称 GA_3、九二〇。

[英文通用名称] gibberellic acid。

[作用特点] 赤霉素的主要生理效应是促进生长，对分生组织幼龄细胞，它的作用是促进分裂；对成龄细胞，它的作用主要是伸长，与生长素比较，赤霉素的作用有以下几点：作用于整株；只使茎伸长，不增加节数，只对有居间分生组织的茎才能增加节数；不存在高浓度下的抑制作用，即使浓度很高，也表现很强的促进生长作用，只是浓度过高时植物形态不正常；赤霉素还能促进养分运输，打破种子休眠，抑制果树开花，抑制花芽分化，促进坐果，影响果实成熟，促进果实发育，在多数情况下能抑制器官衰老；赤霉素还能影响其他激素和某些酶的合成和作用。赤霉素属低毒性植物生长调节剂，对人、畜低毒，对鱼类和水生生物安全，无致突变和致癌作用。

[制剂类型] 赤霉素 85％结晶粉剂、赤霉素 4％乳油、赤霉素

20％可溶性粉剂。

［作用对象］赤霉素能加速植物的生长发育，促进细胞、茎伸长，叶片扩大，单性结实，果实提早成熟，增加产量，打破种子休眠，促进发芽，改变雌雄花比率，影响开花时间，减少花、果脱落。赤霉素主要经叶片、嫩枝、花、种子或果实进入植株体内，再传导到生长活跃的部位起作用。本品的作用因植物种类、品种、生长发育阶段、栽培措施、气候、土壤及使用浓度和方法不同而异。植物对本品十分敏感，浓度适当时，可获得满意效果，浓度过高时，会诱致明显地徒长、白化、畸形等。

［使用方法］

（1）苹果树　为提高坐果率，可在盛花期喷4％赤霉素乳油25～100毫升/升，可使坐果率提高27％以上。

（2）梨树　为提高坐果率，砂梨可在花蕾初露期喷4％赤霉素乳油50毫升/升；在梨树雌花受冻后可用4％赤霉素乳油50毫升/升喷涂花托提高坐果率；京白梨可在盛花期和幼果膨大期喷4％赤霉素乳油25毫升/升提高坐果率，增加产量。

（3）桃树　花期喷4％赤霉素乳油20毫升/升可提高坐果率；花期去雄后喷4％赤霉素乳油250～1 000毫升/升可获得50％以上的单性结实；用4％赤霉素乳油100～500毫升/升可诱导部分早熟品种获得单性结实。

（4）葡萄树　花前10～20天及花后10天各喷1次4％赤霉素乳油100毫升/升可使巨峰葡萄获得高产优质的无核果，为防药害也可不喷，改为用药液涂抹花序；巨峰葡萄在落花后7天，用300毫升/升赤霉素浸幼穗3～5秒，可以明显增大果粒和浆果含糖量，降低酸度，并提早着色10天左右。

（5）樱桃树　甜樱桃花后3周喷4％赤霉素乳油50毫升/升可延迟成熟，增大果实，减少裂果，增加耐运力，还可使果汁清亮，维生素C含量增加。

（6）柿树　甜柿采后视成熟度在500～1 000毫升/升赤霉素液中浸3～12小时，可延迟1个月变软；涩柿则在果实开始由绿变黄

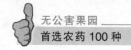

时，全树喷 25～50 毫升/升赤霉素液，可防腐并减缓变软速度。

（7）草莓　草莓始花期、盛花期和盛果期各喷 1 次 100 毫升/升赤霉素液，可明显提高果实糖比、产量和耐贮性。草莓长出 2～3 片新叶时，用赤霉素 100 毫升/升处理，可明显提前匍匐茎的发生时间和提高发生数量，增大叶面积，增强生长势，是草莓快繁的一种有效措施。

（8）枣树　在花期和幼果期使用 25 毫升/升赤霉素液多次喷洒，可以提高坐果率，显著提高产量。

（9）柑橘树　脐橙和温州蜜柑等无核品种，谢花后20～30 天第一次生理落果初期用250 毫升/升赤霉素液涂果柄，15～20 天再涂 1 次，能显著提高脐橙和早熟温州蜜柑的坐果率，在此期喷 50 毫升/升赤霉素液 1～2 次的效果，不及涂果柄显著。早熟温州蜜柑花谢 2/3 时喷 40 毫升/升赤霉素液，可提高坐果率 41％～171.1％，但生长过旺的树单喷赤霉素无效，还要结合抹除春梢，才有好的效果。

［注意事项］

（1）气温高时赤霉毒作用快，但药效维持时间短；气温低时作用慢，药效持续时间长；最好在晴天午后喷布。

（2）要选用优质品，严格遵照其配制与使用方法，因原粉水溶性低，用前先用 95％酒精 1～2 毫升溶解，再加水稀释至所需的浓度。配药时切不可加热，水温不得超过 50℃。

（3）本品在干燥状态下不易分解，遇碱易分解，其水溶液在60℃以上易失效；配好的水溶液不宜久贮，即使放入冰箱，也只能保存 7 天左右。

（4）赤霉素不是肥料，不能代替肥料，必须配合充足的水肥，若肥料不足，会导致叶片黄化，植株细弱。

（5）本品宜贮存在低温、干燥的地方。

九十四、6-苄基氨基嘌呤

［通用名称及其他名称］通称 6-苄基氨基嘌呤，又称6-BA、

BAP、6-苄基腺嘌呤、腺嘌呤。

［作用特点］6-苄基氨基嘌呤广泛存在于种子、发育的果实、幼嫩的根尖、伤流液等旺盛分裂的组织中，它能引起细胞分裂，具有保绿和延长叶片寿命的作用，但移动小；6-苄基氨基嘌呤属低毒植物生长调节剂，对人、畜安全，常规施用不污染环境。

［制剂类型］6-苄基氨基嘌呤98％、95％粉剂。

［作用对象］在果树上，6-苄基氨基嘌呤主要用于果实保鲜、防止腐烂、落果，提高坐果率，增加产量等。

［使用方法］

（1）苹果树　盛花期喷0.2％的BA液，对元帅系苹果的果形指数和萼突五棱发育有良好的影响，单果增重10％。

（2）葡萄树　用1％的BA液浸休眠芽枝条，能有效地结束休眠芽的休眠，促进枝条萌芽，提高扦插的成活率；葡萄95％花朵开放时，用0.1％的BA加0.2％的GA₃混合液浸蘸花序，无核果实率达97.4％。

（3）柑橘树　在谢花7天和第二次生理落果初期，用0.4％的BA加0.5％的GA₃混合液，用棉球或毛笔点涂幼果和果柄1～2次，对提高坐果率有非常明显的效果，可使坐果率低的脐橙增产4.64～5.14倍，产量增加90.3％，四至五年生的树每667米² 产量可达1 500～2 500千克，效果十分显著；温州蜜柑花期或第一次生理落果期，出现异常高温（30℃左右）时，当日或次日即用上述混合液涂果，可以挽回70％～90％的产量，同样可以获得丰产丰收。

［注意事项］

（1）本剂不溶于水，配制药液时，应选用少量的醋、醋酸或酒精溶解BA粉剂后，再加入全量的水。

（2）药液最好现配现用，配好的药液应放在阴凉处，不宜阳光直射，以免分解；当日未用完的药液，最好放入冰箱保存。

（3）用BA与GA₃混合液点涂幼果时，最好点果柄，不宜涂果面；涂药过量会引起果皮粗糙和出现畸形果。

（4）为了提高效果，最好在混合液中加入1％洗衣粉作展着剂。

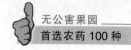
九十五、矮壮素

[通用名称及其他名称] 通称矮壮素，又三西、CCC。

[作用特点] 矮壮素是赤毒素的拮抗剂，可由叶片、幼枝、芽、根系和种子进入到植株体内，其作用机理是抑制赤霉素的生物合成，是植物生长的抑制剂。抑制植物细胞伸长而不抑制细胞分裂，表现为抑制植物的营养生长而促进生殖生长。矮壮素属低毒性植物生长调节剂，对人、畜低毒，对作物安全。

[制剂类型] 矮壮素 50％、40％水剂，矮壮素 95％原粉。

[作用对象] 矮壮素主要用于使植物节间缩短，茎粗短，叶色浓绿，叶片变厚，叶绿素含量增多，光合作用增强，从而提高某些果树的坐果率；同时还能改善品质，提高产量；不仅如此，矮壮素还可用于提高某些果树的抗旱、抗寒、抗盐碱及抗某些病虫害的能力。

[使用方法]

（1）苹果树　用于矮化栽培和促花提早结果，在盛花后 25 天喷 0.3％～1％的矮壮素 50％水剂液，20 天 1 次，因持效期短，1 个生长季节要喷 3 次以上，否则失效后会造成后期的过旺生长而效果不好；对苹果幼树，于 7 月下旬至 8 月下旬喷 0.25％～0.3％的矮壮素 50％水剂液，15 天 1 次，共喷 3 次，可促进新梢加粗生长，节间变短，叶片增厚，叶色浓绿，提前封顶，增加抗寒力；花芽萌动前和新梢幼叶长出时，各喷 0.5％的矮壮素 50％水剂液 1 次，可明显减少枝条生长量，增加短枝和叶丛数，提高坐果率和产量。

（2）梨树　喷 1.5％的矮壮素 50％水剂液，能明显提高花芽数量并提早结果。

（3）葡萄树　玫瑰香葡萄开花前 7 天，喷液 1 次，能抑制主、副梢生长过旺，促进花芽分化，提高产量；在玫瑰香葡萄盛花前 7 天，用 0.1％～0.2％的矮壮素 50％溶液喷花穗或浸蘸花穗，可提高坐果率 22.3％，使果穗紧凑，外形美观，果粒大小均匀一致；矮壮素对促进葡萄花芽分化最为有效，促进主梢花芽分化，在新梢长 15～40 厘米时喷 0.5％的矮壮素 50％溶液，促进副梢花芽分化，在花前 2 周喷 0.3％的 50％矮壮素溶液；葡萄于 6 月上旬第一次摘心后，喷 0.25％的 50％矮壮素溶液，可抑制茎、叶、卷须和副梢生长，使叶色深绿，叶片增厚，节间变短；也可用 0.4％的矮壮素液于午后 4～5 时重点喷叶腋、幼嫩部分及叶背面，可抑制枝条及副梢的生长；于 7～8 月喷 0.1％～0.5％的 50％矮壮素溶液，可抑制枝条生长，提高抗寒性；抑制副梢生长可喷 0.1％～0.2％的 50％矮壮素溶液；在葡萄生长的旺盛季节可喷 0.1％～0.25％矮壮素溶液，能提高植株在越冬期的含糖量，有利于增强抗寒性。

（4）扁桃树　于芽开绽时喷 0.1％～1.0％的矮壮素溶液，可提高扁桃花芽的抗寒力。

（5）柑橘树　在花芽未分化前，即结果母枝叶片全部转绿但未硬化时，喷 0.1％的矮壮素溶液，3 天 1 次，共喷 5 次，有明显的促花作用；柑橘幼树，在晚秋梢生长季节，树冠喷 0.1％～0.2％的矮壮素溶液加 1％～2％氯化钙，可增强抗寒力；柑橘果皮粗糙，在开花的 20～40 天，树冠喷 0.1％～0.25％的矮壮素溶液，可使果皮光滑；柑橘晚秋梢萌发前 1～2 周，喷 0.2％～0.4％的矮壮素溶液，或根际浇灌 0.4％的矮壮素溶液，或叶面连续 2 次喷 0.2％的矮壮素溶液，喷后 1～2 周内再喷 1 次，控梢均达 100％。

［注意事项］

（1）要严格掌握使用浓度和时期，否则会抑制生长，造成减产。

（2）矮壮素可与多数有机磷农药混用，但不能和碱性药剂混用。

（3）喷药后 4～5 小时内如降雨，雨后需补喷。

（4）虽能提高坐果率，但果实的甜度有所下降（如葡萄等），若与硼混用，便不会降低甜度。

（5）矮壮素处理作物不能代替施肥，因此仍需做好肥水管理工作，方能发挥更好的增产作用。

（6）配药和施药时，严防接触皮肤与食物、饲料等。

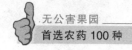

九十六、甲哌鎓

[通用名称及其他名称] 通称甲哌鎓，又称助壮素、缩节胺、调节啶、壮棉素、甲哌啶、哌啶氯、健壮素。

[作用特点] 该药是内吸性植物生长调节剂，能抑制细胞和节间生长，抑制果树枝梢的萌发和生长，降低植株的需水量，增强其抗旱能力。增加叶绿素的合成，使叶色浓绿，增强光合作用，增加坐果率，使果树增产。缩节胺属低毒植物生长调节剂，对人、畜安全，在动物体内蓄积性较小，无致突变、致畸和致癌作用。对鱼类、鸟类和蜜蜂无毒害。

[制剂类型] 甲哌鎓98％可湿性粉剂、甲哌鎓25％水剂。

[作用对象] 缩节胺主要用于果树上抑制果树枝梢的萌发和生长、增强其抗旱能力、增加坐果率，使果树增产。

[使用方法]

（1）苹果、柑橘、桃、枣树　在开花至果实长到核桃大小时，每667米^{2}用25％甲哌鎓水剂5.0～5.4毫升喷雾，可提高坐果率。

（2）梨树　幼果膨大期喷甲哌鎓100～150毫升/升，有增产效果。

（3）葡萄树　花期喷甲哌鎓100～120毫升/升，能增产；葡萄始花期喷甲哌鎓500～800毫升/升，可明显抑制副梢生长，提高坐果率；在葡萄浆果膨大期喷甲哌鎓500～1 500毫升/升于副梢和叶片上，可显著抑制副梢生长，使养分集中于浆果，可明显提高浆果含糖量和产量，促进上色并提早成熟。

[注意事项]

（1）果树生长时期，一般少量多次喷施效果更好。

（2）施用后叶色浓绿，要适当增施肥料，促进增产。

（3）要严格掌握用药时期和用药量，如不慎用药量偏高而影响果树生长时，可及时灌溉、追肥或喷缩节胺剂量1/2的赤霉素1次。

（4）施药时应避免皮肤和眼睛长时间接触药雾。

（5）本品贮存要严防受潮，万一潮解可在100℃左右下烘干。

九十七、对氯苯氧乙酸

[通用名称及其他名称] 通称对氯苯氧乙酸，又称防落素、保果灵、番茄灵、促生灵、P_{51}。

[作用特点] 该药是目前国内应用极广的内吸、广谱、高效、多功能植物生长调节剂，它能有效抑制作物体内脱落酸的形成，以至果柄间不易产生分离层，从而有效地减少落果，使得产量提高。防落素属低毒性农药，对人、畜、鱼类低毒，无致突变、致诱变和致畸作用，无积累作用。

[制剂类型] 对氯苯氧乙酸95％可湿性粉剂、对氯苯氧乙酸1％水剂、对氯苯氧乙酸1％乳油。

[作用对象] 能有效防止花果脱落，加速幼果发育，形成无籽果实；能促进种子发芽、提早分蘖，增加叶绿素含量，加快作物生长，促进种子、果实肥大，增加重量和保花、稳果，防止脱落，提早成熟，改善品质。在柑橘、葡萄、苹果等果树上应用后，增产效果显著。

[使用方法]

（1）柑橘树　谢花期和第一、二次生理落果初期各喷1次可提高坐果率、早熟、增产；于采前喷1％防落素水剂250～400倍液1～2次，可防止采前落果，减轻风害、盐害和落叶。

·（2）荔枝树　在盛花期和生理落果初期各喷1％防落素水剂400倍液、300倍液1次，可提高坐果率，增加产量。

（3）苹果树　用1％防落素水剂100毫升对水25～30千克，在落花期、生长期落果和收获前1个月各喷1次，可提高坐果率、提高色泽、改善品质。

（4）葡萄树　在葡萄开花前5天和开花后10天，用防落素15毫升/千克与赤霉素40毫升/千克的混合液喷花，可诱导成无籽果实，增加产量；葡萄盛花期开始，每15天喷1次防落素10～30毫升/千克，连续3次，可明显抑制副梢生长，提高叶片叶绿素含量，有利于新梢增粗，增强树势，提高坐果率和单果重与果实含糖量、

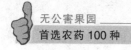

着色指数。

（5）枣树　金丝小枣采收前 4 周，喷防落素液 10～20 毫升/千克，可显著减少金丝小枣采前落果。

[注意事项]

（1）防落素应严格按照规定浓度使用，在规定施用浓度内，对作物安全，否则易产生药害，常见症状为叶片扭曲生长。

（2）用粉剂配药时，先用少量热水把药粉充分溶解后，再按使用浓度加足全量的水。

（3）喷雾应在阴天或晴天下午进行，以喷湿为准，切勿重复喷施，否则易造成药害。喷后半日内下雨应重喷。

（4）防落素不能和碱性肥料、农药混合施用。

（5）施用时加入适量尿素、磷酸二氢钾效果最好，但要现用现配。

（6）未施用过本剂的作物和地区，应先做小区试验，取得成功经验后，再大面积推广。

（7）防落素在阴暗环境下，可长期保存。

九十八、芸薹素内酯

[通用名称及其他名称] 通称芸薹素内酯，又名油菜素内酯、油菜素甾醇－益丰素、天丰素、农乐利等。

[英文通用名称] brassinolide。

[作用特点] 芸薹素内酯是第一个甾醇类化合物，具有促进植物营养生长、细胞分裂和生殖生长的作用，促进根系发达，增强光合作用，提高作物叶绿素含量，促进作物对肥料的有效吸收，辅助作物劣势部分良好生长。主要特点一是促进细胞分裂，促进果实膨大。对细胞的分裂有明显的促进作用，对器官的横向生长和纵向生长都有促进作用，从而起到膨大果实的作用。二是延缓叶片衰老，保绿时间长，加强叶绿素合成，提高光合作用，促使叶色加深变绿。三是打破顶端优势，促进侧芽萌发，能够诱导芽的分化，促进侧枝生成，增加枝数，增多花数，提高花粉受孕性，从而增加果实

数量，提高产量。四是改善作物品质，提高商品性。诱导单性结实，刺激子房膨大，防止落花落果，促进蛋白质合成，提高含糖量等。

［制剂类型］芸薹素内酯 0.0016％、0.004％水剂等。

［作用对象］具有强力生根、促进生长、提苗、壮苗、保苗、黄叶病叶变绿、促进坐果果实膨大早熟、减轻病害、缓解药害、协调营养平衡、抗旱抗寒、增强作物抗逆性等多重功能。对因重茬、病害、药害、冻害等原因造成的死苗、烂根、立枯、猝倒现象急救效果显著，施用 12～24 小时即明显见效，使植株起死回生，迅速恢复生机。

［使用方法］

（1）柑橘始花期和生理落果前，用 0.001 6％芸薹素内酯水剂 800～1 000 倍液喷雾。

（2）苹果生长期用 0.004％芸薹素内酯水剂 0.25～0.5 克/千克喷雾。

［注意事项］

（1）施用时，在药液中可加入 0.01％的表面活性剂，利于药剂进入植物体内。

（2）可与杀虫剂、杀菌剂等农药混合喷施。

九十九、氯吡脲

［通用名称及其他名称］通称氯吡脲，又称新丰宝、快大、调吡脲、吡效隆。

［英文通用名称］forchlorfenuron。

［作用特点］氯吡脲是苯基脲类衍生物，具有细胞分裂活性。其作用机理与 6 - BA 相同，活性要高 10～100 倍。可促进细胞分裂、分化和扩大，促进器官形成、蛋白质合成。内源乙烯放量比不用药时为低，具有增强抗逆性和延缓衰老作用。氯吡脲属低毒植物生长调节剂，对人、畜安全，常规施用不污染环境。

［制剂类型］氯吡脲 0.1％可溶性液剂。

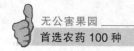

[作用对象] 主要用于对葡萄、猕猴桃等果树的处理，促进花芽分化，防止生理落果效果显著，同时能提高坐果率，使果实膨大。

[使用方法]

（1）葡萄树　在葡萄谢花后 10～15 天，用 0.1％可溶性液剂 10～20 毫升，加水 1 千克，浸幼果穗 1 次，可使果实膨大，增加产量，对品质无不良影响。

（2）猕猴桃树　于谢花后 20～25 天，用 0.1％可溶性液剂 5～20 毫升，加水 1 千克，浸渍幼果 1 次，可使果实膨大，单果重增加，增加产量，对果实品质无不良影响。

（3）枇杷树　用 0.1％可溶性液剂 10～20 毫升，加水 1 千克，浸幼果 1～2 次，可使果实膨大、增产。

[注意事项]

（1）应严格按施药时期、方法和浓度使用，浓度过高可引起果实空心、畸形果等。

（2）可与赤霉素及其他农药混用。

（3）随稀释随用，久置则药效降低。

（4）易挥发、易燃，应密封贮存于阴凉、干燥、通风处，用后将瓶盖盖紧。

一〇〇、促控剂 PBO

[通用名称] 通称促控剂 PBO。

[作用特点] PBO 由细胞分裂素 BA 生长素衍生物 ORE、增糖着色剂、延缓剂、早熟剂、防冻剂、防裂素、杀菌剂及 10 多种营养元素组成，其作用机理是调控果树花器子房及果实三种激素的比例，提高花器的受精功能，提高坐果率，激活成花基因，促进孕育大量优质花芽。PBO 能诱导各器官营养向果实集中，使果实营养丰富、增大、质量高，果树高产、优质、高效。

[制剂类型] 促控剂 PBO 粉剂。

[作用对象] 在果树上，PBO 主要作用是：孕花增多、早产

早丰、受精功能强、坐果率高、增产、促进果实膨大、单果重增幅大，糖分高、着色好、提早成熟、不裂果、抗逆性强、治病抗病，无公害、无副作用，耐贮运，效益高。

[使用方法]

（1）苹果树　五至六年生年幼旺红富士和新红星喷 3 次 250 倍液，第一次于花前 2～3 天喷 100 倍液，目的是提高坐果率，促发短枝形成；第二次于花后 30～35 天喷 250 倍液，目的是促进果实膨大和孕花；第三次于采收前 45～50 天喷 250 倍液，主要目的是增糖着色和提早成熟。七至八年生树于花后 30 天和采前 45～50 天各喷 1 次 250～300 倍液（旺树 250 倍液，一般 300 倍液），未结果的三至五年生树于花前 10 天浇施每立方米 5～7 克，5 月底至 6 月初喷 1 次 150～200 倍液，7 月底至 8 月初再喷 1 次，成花效果极好。

（2）梨树　红香酥梨于 6 月初和 8 月初喷 2 次 150 倍液，黄花梨和金花梨于花前 15 天浇施 15～20 克，7 月中旬喷 150～200 倍液。中国梨不宜在幼果期使用 PBO。

（3）桃树　应从 7～8 月开始喷 2～3 次 150 倍液，使花芽着生在中部，大棚桃和坐果差的品种宜在花前 10 天，即花蕾露红期喷 100 倍液，幼果长至米粒大小和新梢旺长时，各喷 1 次 150～180 倍液。

（4）葡萄树　巨峰系和酿酒品种，第一次于花前 2～7 天浇施，每株 4～7 克，篱架也可喷 80～100 倍液，喷叶片尽量不喷到花穗上，其他品种可在花后 7 天喷施；第二次于花后 20～30 天喷 150～200 倍液，酿酒品种和欧亚种于秋季旺长时再喷 1 次（充实枝芽、减少冻害）。

（5）李、杏树　在花前几天喷 100 倍液，目的是提高坐果率，膨果期或着色前 30 天喷 1 次 250 倍液。

（6）樱桃树　花前 10 天每平方米浇施 4～5 克，着色前再喷 1 次 250 倍液。

（7）石榴树　于第一批花后 15 天喷 200 倍液，坐果率可达 100%。

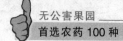
（8）柿树　于第一次和第二次生理落果前 7～10 天，各喷 1 次 150～200 倍液。

（9）枣树　于盛花期喷 1 500 倍液或土施（3～4 克/米²）。

[注意事项]

（1）土施的 PBO 残效期为 1 年，隔年土施，第二年就采用喷施。

（2）PBO 为中性，可以与农药混用（波尔多液除外）。

图书在版编目（CIP）数据

无公害果园首选农药100种／高文胜，秦旭主编. —
3版 . —北京：中国农业出版社，2013.10
（最受欢迎的种植业精品图书）
ISBN 978-7-109-18264-6

Ⅰ.①无⋯ Ⅱ.①高⋯②秦⋯ Ⅲ.①果树-农药施
用-无污染技术 Ⅳ.①S436.6

中国版本图书馆CIP数据核字（2013）第199001号

中国农业出版社出版
（北京市朝阳区农展馆北路2号）
（邮政编码100125）
责任编辑 阎莎莎 张洪光

北京通州皇家印刷厂印刷 新华书店北京发行所发行
2014年1月第3版 2014年1月第3版北京第1次印刷

开本：880mm×1230mm 1/32 印张：5.625
字数：142千字
定价：16.00元
（凡本版图书出现印刷、装订错误，请向出版社发行部调换）